零基础学电脑

从 入 门 到 精 通

Windows 10 + AI工具 + Word + Excel + PPT + Photoshop + 剪映 7合1

恒盛杰资讯 编著

U0353048

北京理工大学出版社
BEIJING INSTITUTE OF TECHNOLOGY PRESS

图书在版编目（CIP）数据

零基础学电脑从入门到精通：Windows 10+AI 工具 +
Word+Excel+PPT+Photoshop+ 剪映 7 合 1 / 恒盛杰资讯编著 .
北京 : 北京理工大学出版社 , 2025. 1.
ISBN 978-7-5763-4635-0

Ⅰ . TP3

中国国家版本馆 CIP 数据核字第 20259EQ181 号

责任编辑： 江　立　　　　**文案编辑：** 江　立
责任校对： 周瑞红　　　　**责任印制：** 施胜娟

出版发行 / 北京理工大学出版社有限责任公司

社　　　址 / 北京市丰台区四合庄路 6 号

邮　　　编 / 100070

电　　　话 / （010）68944451（大众售后服务热线）

　　　　　　（010）68912824（大众售后服务热线）

网　　　址 / http://www.bitpress.com.cn

版 印 次 / 2025 年 1 月第 1 版第 1 次印刷

印　　　刷 / 三河市中晟雅豪印务有限公司

开　　　本 / 710 mm×1000 mm　1 / 16

印　　　张 / 18.5

字　　　数 / 283 千字

定　　　价 / 79.80 元

PREFACE　　　前 言

当今的职场竞争日趋激烈，仅仅具备"一技之长"已不足以让人脱颖而出。只有掌握多元化的技能，才能更好地适应不断变化的职场环境，并为自己创造更多的发展机会。

本书将 Windows 系统操作、办公软件应用、图像处理、视频剪辑等多个方面的技能融为一体，并引入了"AI（人工智能）赋能"的先进理念，旨在满足广大读者学习多元化技能的需求，助力读者成长为现代职场中的"多面手"，为个人的职业发展铺平道路。

◎内容结构

全书共 18 章，按照内容的相关性可划分为 5 个部分。

第 1 部分（第 1 ~ 3 章）为 Windows 系统操作，主要介绍系统设置、实用工具软件、文件和文件夹的管理等。

第 2 部分（第 4 章）为 AI 技术基础，主要介绍一些实用 AI 工具和提示词的编写方法。

第 3 部分（第 5 ~ 14 章）为办公软件应用，主要介绍 Office 套装中的三大核心组件 Word、Excel、PowerPoint 的基本操作和日常办公应用。

第 4 部分（第 15 ~ 17 章）为图像处理，主要介绍 Photoshop 的基本操作、图像编辑和调整、文字编排、图形绘制等。

第 5 部分（第 18 章）为视频剪辑，主要介绍剪映的操作入门和实际应用。

◎编写特色

★ AI 赋能，理念先进：本书在编写过程中创新性地引入了"AI 赋能"的理念，启发和引导读者运用先进的 AI 技术优化和改造传统工作流程，实现"降本增效"。

★图文并茂，浅显易懂：本书的每个知识点均结合实际应用场景做详尽讲解，并以"一步一图"的形式直观、清晰地展示操作过程和操作效果，易于初学者理解和掌握。

★边学边练，自学无忧：学习重在实践。本书配套的学习资源完整收录了书中所有实例的相关文件，读者可以边看、边学、边练，学习效果立竿见影。

◎读者对象

本书适合计算机初、中级用户学习，也可作为各类院校相关专业参考书和计算机操作技能培训班的教学用书。

由于编者水平有限，本书难免有不足之处，恳请广大读者批评指正。

编　者

2025 年 1 月

CONTENTS 目 录

第 1 章 ▸ 轻松上手 Windows

第 2 章 ▸ 必备实用工具

第 3 章 管理文件与文件夹

第 4 章 AI 工具让工作如虎添翼

第 5 章 初次接触 Office

第 6 章 Word 的基本操作

第 7 章 制作图文并茂的文档

第 8 章 表格的制作

第 9 章　Excel 的基本操作

第 10 章　数据的整理与计算

第 11 章　数据可视化

第 12 章　PowerPoint 的基本操作

第 13 章　为幻灯片添加动态效果

第 14 章 ► 放映与发布幻灯片

第 15 章 ► Photoshop 的基本操作

第 16 章 ► 编辑和调整图像

第 17 章　文字编排与图形绘制

第 18 章　剪映视频剪辑

第1章

轻松上手 Windows

Windows 是目前办公领域最流行的操作系统之一。本章将讲解 Windows 10 的常用设置操作，以及管理应用程序的操作。

1.1 设置桌面与主题

为了让 Windows 10 系统的工作界面更加符合用户的使用习惯，可对桌面背景和桌面图标等进行个性化设置。

1.1.1 设置桌面背景

为了让桌面背景更加符合用户的喜好，并且增加桌面背景的美观性以及图片与桌面尺寸的契合度，用户可通过以下方法对系统的原始桌面背景进行更改。

步骤 01 **打开"设置"窗口**

❶用鼠标右键单击桌面的空白处，❷在弹出的快捷菜单中单击"个性化"命令，如图 1-1 所示。

步骤 02 **浏览本地图片**

弹出"设置"窗口，在"背景"选项卡下的"选择图片"选项组中单击任意图片，即可将其设为背景。要将本地图片设为背景，则单击"浏览"按钮，如图 1-2 所示。

图 1-1

图 1-2

步骤 03 **选择图片**

弹出"打开"对话框，❶找到所需图片的保存位置，❷选中图片，❸单击"选择图片"按钮，如图 1-3 所示。此时所选图片被应用于桌面背景。

步骤 04 **选择契合度**

若设置为背景的图片尺寸与桌面不契合，可在"设置"窗口中的"背景"选项卡下单击"选择契合度"右侧的下拉按钮，在展开的列表中单击要设置的契合效果，如"拉伸"选项，如图 1-4 所示。

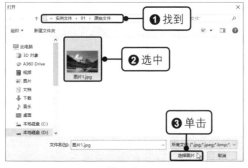

图1-3

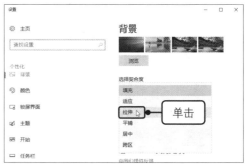

图1-4

1.1.2 设置桌面图标

用户可以根据自己使用程序的频率来设置在桌面上显示哪些图标，还可以根据自己的喜好设置桌面图标的样式。

步骤 01 单击"桌面图标设置"按钮

继续在"设置"窗口中操作，在"主题"选项卡下单击"相关的设置"选项组中的"桌面图标设置"按钮，如图1-5所示。

步骤 02 选择需要显示的桌面图标

弹出"桌面图标设置"对话框，在"桌面图标"选项组中勾选"计算机"复选框，如图1-6所示，然后单击"确定"按钮。

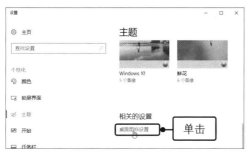

图1-5

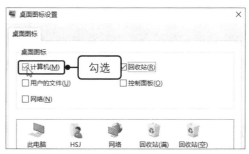

图1-6

步骤 03 更改图标样式

再次打开"桌面图标设置"对话框，❶选中"此电脑"图标，❷单击"更改图标"按钮，如图1-7所示。

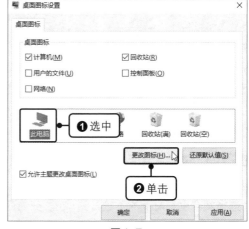

图1-7

步骤 04 选择图标样式

弹出"更改图标"对话框，在"从以下列表中选择一个图标"列表框中选择一个图标，如图 1-8 所示。单击"确定"按钮，返回"桌面图标设置"对话框，单击"应用"按钮，图标即被应用。

图 1-8

步骤 05 查看更改后的效果

在桌面上可看到更改图标后的效果，如图 1-9 所示。

图 1-9

1.2 更改系统的显示设置

本节主要介绍如何更改项目文本大小、如何设置要显示通知的程序等内容。

1.2.1 更改项目文本大小

用户在使用计算机时如果觉得程序界面默认的文本太小或者太大，可以通过以下操作来调整项目文本的大小。

步骤 01 打开"设置"窗口

❶用鼠标右键单击桌面的空白处，❷在弹出的快捷菜单中单击"显示设置"命令，如图 1-10 所示。

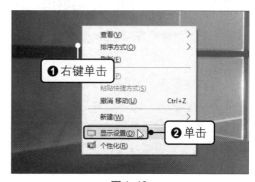

图 1-10

步骤 02 更改文本、应用等项目的大小

弹出"设置"窗口，❶在"显示"选项卡下单击"更改文本、应用等项目的大小"右侧的下拉按钮，❷在展开的列表中单击"125%"选项，如图 1-11 所示。

步骤 03 自定义缩放

如果"更改文本、应用等项目的大小"展开的列表中没有合适的缩放选项，可以在"显示"选项卡下单击"自定义缩放"按钮，如图 1-12 所示。

图 1-11

图 1-12

步骤 04 输入自定义缩放比例

进入"自定义缩放"界面后，❶在文本框中输入自定义缩放比例，如"200"，❷单击"应用"按钮，如图 1-13 所示。

步骤 05 应用自定义缩放比例

随后界面中会显示红色文字，提示自定义缩放比例在注销后才会应用，单击"立即注销"按钮，如图 1-14 所示，即可应用自定义缩放比例。

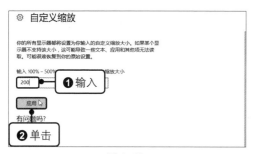

图 1-13

图 1-14

1.2.2 设置要显示通知的程序

为了及时接收某些程序的通知，用户可以根据实际需求设置要在操作中心显示通知的程序。

用鼠标右键单击桌面的空白处，在弹出的快捷菜单中单击"显示设置"命令，打开"设置"窗口。❶切换到"通知和操作"选项卡，❷单击要接收通知的程序右侧的开关按钮，使其呈"开"状态，如图 1-15 所示。

图 1-15

1.3 设置任务栏

任务栏的用途不仅仅是切换程序和查看时间。用户可对任务栏进行个性化设置，让相关操作变得更顺手。

1.3.1 调整任务栏的位置

为了使任务栏的位置更符合自己的使用习惯，用户可以按照以下方法对任务栏的位置进行调整。

步骤 01 单击下拉按钮

用鼠标右键单击任务栏的空白处，在弹出的快捷菜单中单击"任务栏设置"命令，打开"设置"窗口。在"任务栏"选项卡下单击"任务栏在屏幕上的位置"右侧的下拉按钮，如图 1-16 所示。

步骤 02 选择任务栏的位置

在展开的列表中单击所需的选项，如"靠右"，如图 1-17 所示。

图 1-16

图 1-17

1.3.2 打开或关闭系统图标

用户如果需要在任务栏的通知区域显示或隐藏某个系统图标，可以按照下面的步骤操作。

步骤 01 单击"打开或关闭系统图标"按钮

用鼠标右键单击任务栏的空白处，在弹出的快捷菜单中单击"任务栏设置"命令，打开"设置"窗口。单击"打开或关闭系统图标"按钮，如图 1-18 所示。

图 1-18

步骤 02　选择要打开或关闭的图标

进入新的窗口，单击"触摸键盘"右侧的开关按钮，使其呈"开"状态，如图 1-19 所示，即可在通知区域显示该图标。如果要隐藏某个图标，让其对应的开关按钮呈"关"状态即可。

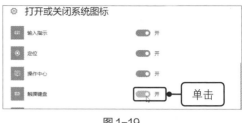

图 1-19

1.4　设置日期和时间

本节介绍如何通过自动和手动两种方式更改系统的日期和时间，以及如何更改日期和时间的格式等内容。

1.4.1　自动校准日期和时间

Windows 10 可以通过 Internet 时间服务器自动校准系统时钟。这些时间服务器通常连接到原子钟等高精度的时钟源，可以提供准确的时间基准。

步骤 01　单击"设置"按钮

❶单击"开始"按钮，❷在弹出的菜单中单击"设置"按钮，如图 1-20 所示。

图 1-20

步骤 02　单击"时间和语言"按钮

在弹出的"设置"窗口中单击"时间和语言"按钮，如图 1-21 所示。

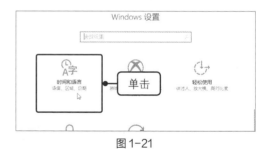

图 1-21

步骤 03　打开"时钟、语言和区域"窗口

在"日期和时间"选项卡下的"相关设置"选项组中单击"其他日期、时间和区域设置"按钮，如图 1-22 所示。

图 1-22

步骤 04　单击"设置时间和日期"按钮

打开"时钟、语言和区域"窗口，在"日期和时间"选项组中单击"设置时间和日期"按钮，如图 1-23 所示。

图 1-23

步骤 05　更改设置

弹出"日期和时间"对话框，❶切换到"Internet 时间"选项卡，❷单击"更改设置"按钮，如图 1-24 所示。

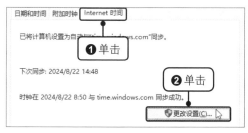

图 1-24

步骤 06　自动校准

弹出"Internet 时间设置"对话框，单击"立即更新"按钮，如图 1-25 所示。随后系统的时间和日期会被自动校准。

图 1-25

1.4.2　手动更改日期和时间

自动校准日期和时间要求计算机处于连网状态，如果计算机尚未连网，可以手动对日期、时间及时区进行更改。

步骤 01　关闭自动设置时间

单击"开始"按钮，在弹出的菜单中单击"设置"按钮，弹出"设置"窗口后单击"时间和语言"按钮，在"日期和时间"选项卡下单击"自动设置时间"选项的开关按钮，使其呈"关"状态，如图 1-26 所示。

图 1-26

步骤 02　单击"更改"按钮

单击"更改日期和时间"选项下的"更改"按钮，如图 1-27 所示。

图 1-27

步骤 03　更改日期和时间

弹出"更改日期和时间"对话框，单击"日期"选项组中月份右侧的下拉按钮，在展开的列表中单击"10 月"选项，如图 1-28所示。最后单击"更改"按钮。

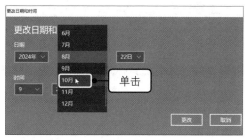

图 1-28

步骤 04　更改时区

返回"设置"窗口，单击"日期和时间"选项卡下的"时区"右侧的下拉按钮，在展开的列表中单击"（UTC+08:00）吉隆坡，新加坡"选项，如图 1-29 所示。

图 1-29

1.4.3　更改日期和时间格式

用户可以按照自己的喜好对日期和时间的格式进行更改。

步骤 01　更改日期和时间格式

单击"开始"按钮，在弹出的菜单中单击"设置"按钮，弹出"设置"窗口后单击"时间和语言"按钮，在"日期和时间"选项卡下的"格式"选项组中单击"更改日期和时间格式"按钮，如图 1-30 所示。

步骤 02　选择要使用的格式

弹出新的窗口，单击"短日期"右侧的下拉按钮，在展开的列表中单击"yyyy-M-d"选项，如图 1-31 所示。

图 1-30

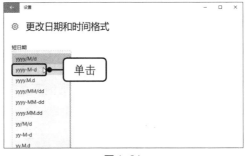

图 1-31

步骤 03　查看更改后的效果

更改日期和时间格式后，在任务栏中查看显示效果，如图 1-32 所示。

图 1-32

1.5　设置语言和字体

添加语言可以满足用户输入多种语言文字的需求，删除不需要的字体可以腾出磁盘存储空间，本节就来介绍添加和删除语言及删除字体的方法。

1.5.1　添加和删除语言

如果用户在使用计算机时需要输入其他语言的文字，可以按照下面的方法来添加语言。

步骤 01　打开控制面板

❶单击桌面左下角的"开始"按钮，❷在弹出的菜单中单击"Windows 系统→控制面板"命令，如图 1-33 所示。

图 1-33

步骤 02　打开"语言"窗口

弹出"控制面板"窗口，单击"添加语言"按钮，如图 1-34 所示。

图 1-34

步骤 03　添加语言

弹出"语言"窗口，单击"添加语言"按钮，如图 1-35 所示。

图 1-35

步骤 04　选择需要添加的语言

弹出"添加语言"窗口，❶在"添加语言"列表框中单击"英语"选项，❷单击"打开"按钮，如图 1-36 所示。

图 1-36

步骤 05　继续选择

❶在"添加语言"列表框中单击"英语（美国）"选项，❷单击"添加"按钮，如图 1-37 所示。

图 1-37

步骤 06　切换输入法

以相同的方法添加其他语言，返回桌面，❶单击任务栏中的"输入法"按钮，❷在展开的列表中单击"英语（美国）"选项，如图 1-38 所示。

步骤 07　删除语言

如果添加的某些语言在后续的工作中不再需要用到，可打开"语言"窗口，❶单击要删除的语言，❷单击"删除"按钮，如图 1-39 所示，即可删除选中的语言。

图 1-38

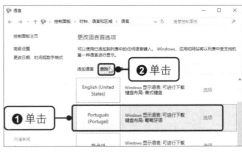

图 1-39

1.5.2 删除字体

Windows 10 系统内置了多种字体，如果用户确定不会用到某个字体，可以按照以下方法将其删除，以腾出磁盘存储空间。

步骤 01 单击"外观和个性化"按钮

单击桌面左下角的"开始"按钮，在弹出的菜单中单击"Windows 系统→控制面板"命令。在弹出的"控制面板"窗口中单击"外观和个性化"按钮，如图 1-40 所示。

图 1-40

步骤 02 打开"字体"窗口

弹出"外观和个性化"窗口后，在"字体"选项组下单击"预览、删除或者显示和隐藏字体"按钮，如图 1-41 所示。

图 1-41

步骤 03 执行"删除"命令

弹出"字体"窗口，❶用鼠标右键单击想要删除的字体，如"Arial"字体，❷在弹出的快捷菜单中单击"删除"命令，如图 1-42 所示。

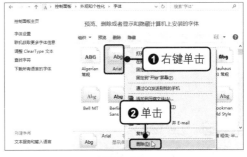

图 1-42

1.6 管理应用程序

应用程序是指安装在操作系统中用来执行特定任务的软件。本节将介绍管理应用程序的基本操作，包括应用程序的安装、启动和卸载。

1.6.1 安装应用程序

在 Windows 10 中，安装应用程序有两种方式，分别是通过应用商店安装和通过下载的安装包安装。

方法一：通过应用商店安装应用程序

步骤 01 **打开应用商店**

❶单击"开始"按钮，❷在弹出的菜单中单击"应用商店"命令，如图 1-43 所示。

步骤 02 **搜索应用程序**

打开"应用商店"窗口，❶在搜索框中输入"网易新闻"，❷单击"搜索"按钮，如图 1-44 所示。

图 1-43

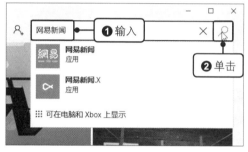

图 1-44

步骤 03 **获取应用程序**

"网易新闻"被搜索出来后单击"获取"按钮，如图 1-45 所示。

步骤 04 **下载并安装应用程序**

可看到应用程序的下载进度，如图 1-46 所示。下载完成后将自动进行安装。

图 1-45

图 1-46

步骤 05 **启动应用程序**

应用程序安装完成后单击"启动"按钮，如图 1-47 所示，即可启动该应用程序。

图 1-47

方法二：通过下载的安装包安装应用程序

步骤01 启动安装程序

在计算机中找到保存安装包的位置，双击安装包，如图 1-48 所示。安装包的下载方法会在 2.2.3 节介绍，这里不再赘述。

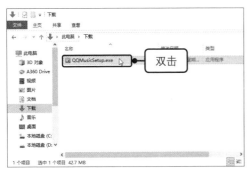

图 1-48

步骤02 自定义安装

弹出"用户账户控制"对话框后单击"是"按钮。弹出"QQ 音乐"对话框，单击"自定义安装"按钮，如图 1-49 所示。

图 1-49

步骤03 打开"浏览文件夹"对话框

单击"安装位置"右侧的"浏览"按钮，如图 1-50 所示。

图 1-50

步骤04 选择安装位置

❶在弹出的"浏览文件夹"对话框中选择安装位置，❷单击"确定"按钮，如图 1-51 所示。

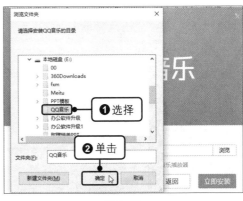

图 1-51

步骤05 立即安装

返回"QQ 音乐"对话框，单击"立即安装"按钮，如图 1-52 所示。

步骤06 完成安装

安装完成后，单击"QQ 音乐"对话框中的"立即体验"按钮，如图 1-53 所示，即可打开安装好的 QQ 音乐程序。

图 1-52

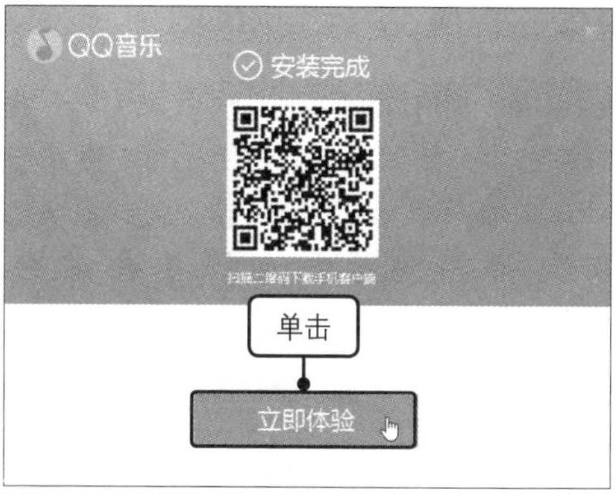

图 1-53

1.6.2　启动应用程序

应用程序在下载安装完毕后，需要启动才能使用。本节将介绍 4 种启动应用程序的方法。

方法一：从桌面启动

在桌面双击某个程序的快捷方式，如图 1-54 所示，即可启动该程序。

方法二：从"开始"菜单启动

❶单击"开始"按钮，❷在弹出的菜单中单击某个程序，如图 1-55 所示，即可启动该程序。

图 1-54

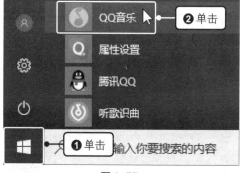

图 1-55

> 💻 **提示**
>
> 　　如果桌面没有某应用程序的快捷方式，用户可以在"开始"菜单中找到并用鼠标右键单击该应用程序，在弹出的快捷菜单中单击"更多→打开文件位置"命令，然后在打开的文件夹中找到并用鼠标右键单击应用程序的快捷方式，在弹出的快捷菜单中单击"发送到→桌面快捷方式"命令，随后在桌面上就会生成该应用程序的快捷方式。

方法三：从"开始"屏幕启动

步骤01 将程序固定到"开始"屏幕

❶单击"开始"按钮，❷用鼠标右键单击菜单中的某个应用程序，❸在弹出的快捷菜单中单击"固定到'开始'屏幕"命令，如图 1-56 所示。

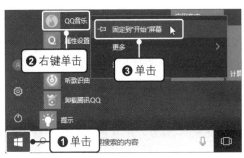

图 1-56

步骤02 从"开始"屏幕启动程序

在"开始"屏幕中会出现该应用程序的磁贴，单击磁贴即可启动该程序，如图 1-57 所示。

图 1-57

方法四：从任务栏启动

步骤01 将程序固定到任务栏

❶单击"开始"按钮，❷在弹出的菜单中用鼠标右键单击某个应用程序，❸在弹出的快捷菜单中单击"更多→固定到任务栏"命令，如图 1-58 所示。

图 1-58

步骤02 从任务栏启动程序

任务栏中会固定显示该应用程序的图标，单击图标，如图 1-59 所示，即可启动该程序。

图 1-59

1.6.3 卸载应用程序

当用户不再使用某个应用程序时，可以卸载该应用程序，以腾出磁盘存储空间。本节将介绍卸载应用程序的两种方法。

方法一：通过"控制面板"卸载

步骤 01 打开控制面板

❶单击"开始"按钮，❷在弹出的菜单中单击"Windows 系统→控制面板"命令，如图 1-60 所示。

步骤 02 单击"卸载程序"按钮

弹出"控制面板"窗口，单击"卸载程序"按钮，如图 1-61 所示。

图 1-60

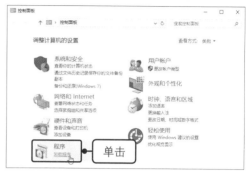

图 1-61

步骤 03 卸载应用程序

进入"程序和功能"窗口，❶用鼠标右键单击要卸载的应用程序，❷在弹出的快捷菜单中单击"卸载 / 更改"命令，如图 1-62 所示。

图 1-62

方法二：在"开始"菜单中卸载

❶单击"开始"按钮，❷在弹出的菜单中用鼠标右键单击某个应用程序，❸在弹出的快捷菜单中单击"卸载"命令，如图 1-63 所示。

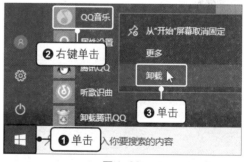

图 1-63

第2章

必备实用工具

对于计算机用户而言，选择正确的软件就如同拥有了得心应手的利器。本章将介绍几款不可或缺的实用工具软件，包括记事本、Microsoft Edge 浏览器、微信文件传输助手、WinRAR、360AI 图片。这些工具的功能涵盖了文本编辑、网页浏览、文件管理、图片浏览和编辑等，能够让日常操作体验更加顺畅和高效。

2.1 基础文本处理工具——记事本

记事本是 Windows 系统自带的一款基础文本处理工具，其优点是无须安装、界面简洁、操作简单，适用于简单文本信息的处理。

◎ **原始文件：** 无
◎ **最终文件：** 实例文件\第2章\最终文件\李清照《声声慢》.txt

2.1.1 输入文本

本节主要讲解如何在记事本中输入文本。这部分内容看似简单，却能帮助初学者掌握中文输入法的基本用法，为后续学习更复杂的文字处理操作奠定基础。

步骤 01 打开记事本

❶单击桌面左下角的"开始"按钮，❷在弹出的菜单中单击"Windows 附件→记事本"命令，如图 2-1 所示。

步骤 02 输入词语的拼音

插入点自动定位在文档的左上角，选择一种中文输入法，如微软拼音输入法，输入文字"寻寻觅觅"的拼音"xunxunmimi"，如图 2-2 所示。

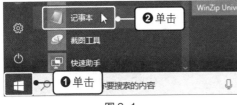

图 2-1

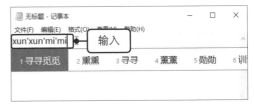

图 2-2

步骤 03 完成词语的输入

在候选字中可看到词语"寻寻觅觅"对应的编号为"1"，所以按数字键〈1〉，即可在文档中输入该词语，如图 2-3 所示。如果在首页没有显示所需的文字，可以按〈+〉键和〈-〉键来翻页。

步骤 04 输入标点符号

接下来要输入逗号","，先输入拼音"douhao"，再按数字键〈5〉进行选择，如图 2-4 所示。也可以直接按键盘上的标点符号键来输入逗号。

图 2-3

图 2-4

步骤 05 执行"字体"命令

继续输入词语或单字，将所有文本输入完成后，单击"格式→字体"菜单命令，如图 2-5 所示。

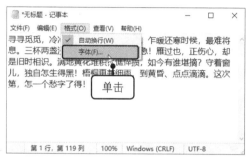

图 2-5

步骤 06 设置字体格式

弹出"字体"对话框，❶分别设置"字体"为楷体、"字形"为粗体、"大小"为小二，❷单击"确定"按钮，如图 2-6 所示。

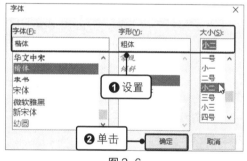

图 2-6

步骤 07 查看设置后的效果

按照上述步骤设置字体格式后的文本效果如图 2-7 所示。

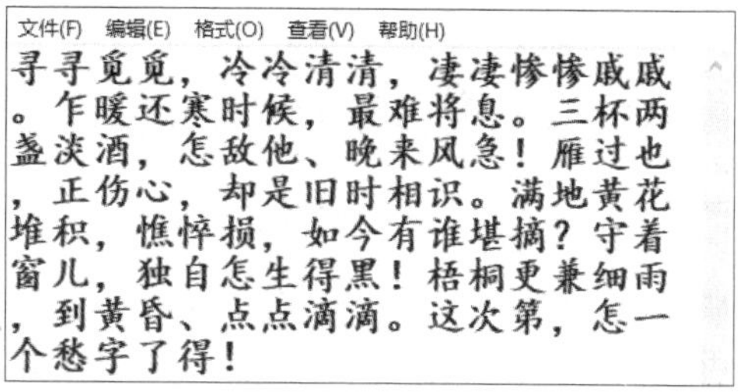

图 2-7

2.1.2 保存文档

用户在记事本中输入和编辑完文本后，需要先保存文档再关闭程序。记事本可将文档保存为 TXT 格式文件，保存时合理设置保存位置和文件名，可以方便文档的查找和使用。

步骤 01 执行"保存"命令

在"无标题 - 记事本"窗口中单击"文件→保存"菜单命令，如图 2-8 所示。

图 2-8

步骤 02　设置保存位置和文件名

弹出“另存为”对话框，❶设置好保存文档的位置，❷在“文件名”文本框中输入“李清照《声声慢》.txt”，❸最后单击“保存”按钮，如图 2-9 所示。

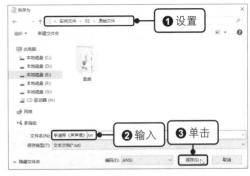

图 2–9

2.2 网页浏览工具—— Microsoft Edge

在 Windows 10 之前，系统的默认浏览器是 Internet Explorer。到了 Windows 10 中，默认浏览器被替换为 Microsoft Edge。Microsoft Edge 的浏览速度更快，安全性更高，还提供人性化的阅读视图、笔记和共享等功能。

2.2.1　网页浏览的基本操作

本节将介绍网页浏览的一些基本操作，包括网页的搜索、收藏、前后跳转、关闭等。

1. 搜索网页

当想要查看特定内容的网页又不知道具体的网址时，就需要使用网页搜索引擎来搜索网页。这种网页索引工具可以根据用户输入的关键词返回相关的网页列表。

步骤 01　启动 Microsoft Edge

❶单击“开始”按钮，❷在弹出的菜单中单击“Microsoft Edge”命令，如图 2-10 所示。

步骤 02　打开 Microsoft Edge 窗口

启动 Microsoft Edge 后，窗口中将显示默认的搜索引擎页面，如图 2-11 所示。

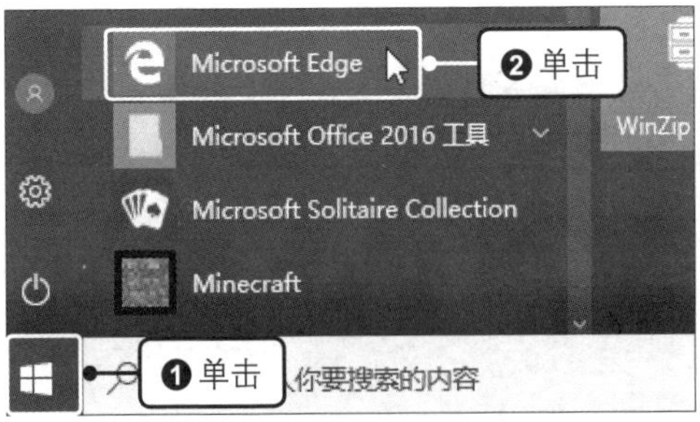

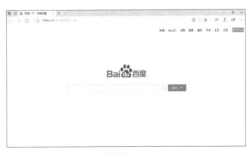

图 2–10

图 2–11

步骤 03 输入关键词

在搜索引擎的搜索框中输入"李白",如图 2-12 所示,按〈Enter〉键确认。

图 2-12

步骤 05 查看网页内容

即可查看网页的内容,如图 2-14 所示。

步骤 04 查看搜索结果

页面中会列出与"李白"相关的网页,单击想要浏览的网页链接,如图 2-13 所示。

图 2-13

图 2-14

2. 收藏网页

在上网时,如果遇到喜欢的网页内容,可将这些网页添加至收藏夹。下次上网时,可在收藏夹打开要查看的网页。

步骤 01 打开要收藏的网页

在 Microsoft Edge 中打开要收藏的网页,单击"添加到收藏夹或阅读列表"按钮,如图 2-15 所示。

步骤 02 添加到收藏夹

在弹出的菜单中单击"保存"按钮,如图 2-16 所示。随后该网页会被添加到收藏夹。

图 2-15

图 2-16

步骤 03　查看收藏的网页

使用相同的方法收藏一些其他的网页，❶单击 "中心（收藏夹、阅读列表、历史记录和下载项）"按钮，❷在弹出的菜单中切换到"收藏夹"选项卡，即可查看收藏夹中的网页，如图 2-17 所示。

图 2-17

步骤 04　创建新的文件夹

❶用鼠标右键单击收藏夹列表的空白处，❷在弹出的快捷菜单中单击"创建新的文件夹"命令，如图 2-18 所示。

图 2-18

步骤 05　给文件夹命名

在新建文件夹的文本框中输入文件夹名称，如"诗集"，如图 2-19 所示，按〈Enter〉键确认。

图 2-19

步骤 06　分类存放收藏的网页

将收藏的网页拖动到"诗集"文件夹中，如图 2-20 所示。

图 2-20

步骤 07　查看分类存放网页的效果

使用相同的方法新建"旅游"文件夹，并将与旅游相关的网页拖动到该文件夹中，如图 2-21 所示。

图 2-21

3．网页的前后跳转

如果在同一个窗口中浏览了不同的网页，单击工具栏上的"后退"按钮，即可快速向后跳转至之前浏览过的网页，如图 2-22 所示。同理，单击"前进"按钮可向前跳转。

图 2-22

4．关闭网页

Microsoft Edge 支持以标签页的形式在同一个窗口中同时显示多个网页。然而，随着打开的网页数量增多，浏览器界面可能会变得杂乱无章，系统也可能会变得卡顿，此时就有必要关闭一些网页。

步骤 01　关闭单个网页

单击某个网页标签右边的"关闭标签页"按钮，如图 2-23 所示，即可关闭该网页。

图 2-23

步骤 02　关闭右侧的网页

❶如果要关闭当前网页右边的多个网页，可用鼠标右键单击该网页标签，❷在弹出的快捷菜单中单击"关闭右侧的标签页"命令，如图 2-24 所示。如果要关闭除该网页之外的其他网页，可在弹出的快捷菜单中单击"关闭其他标签页"命令。如果想要重新打开已经关闭的网页，可在弹出的快捷菜单中单击"重新打开已关闭的标签页"命令。

图 2-24

步骤 03 查看关闭右侧网页后的效果

随后可看到标签右侧的网页都被关闭了，只保留了该网页及其左侧的网页，如图 2-25
所示。

图 2-25

2.2.2 保存网页中的图片

在网页上看到喜欢的图片后，如果想要在没有网络时也能查看这些图片，可将其保
存到计算机中。

◎ **原始文件：**无
◎ **最终文件：**实例文件\第2章\最终文件\花卉（文件夹）

步骤 01 保存图片

❶用鼠标右键单击网页中要保存的图片，❷在弹出的快捷菜单中单击"将图像另存为"
命令，如图 2-26 所示。

步骤 02 设置图片的保存选项

弹出"另存为"对话框，❶设置好文件的保存位置，❷在"文件名"文本框中输入文件名，
如"樱花"，❸单击"保存"按钮，如图 2-27 所示。

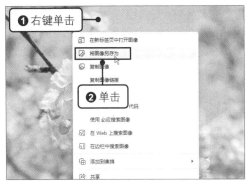

图 2-26

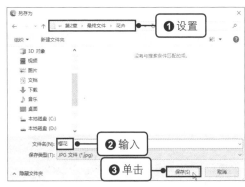

图 2-27

步骤 03 查看保存的图片

使用相同的方法保存网页中的其他图片。找到图片的保存位置，即可看到保存的图片，如图 2-28 所示。

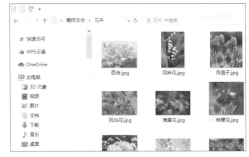

图 2-28

2.2.3 下载文件

互联网上除了有丰富的文本和图片内容，还有软件、文献资料、影视等方面的大量资源。本节以 QQ 音乐的安装包为例，讲解如何下载网络中的文件资源。

步骤 01 启动浏览器

❶单击"开始"按钮，❷在弹出的菜单中单击"Microsoft Edge"命令，如图 2-29 所示。

步骤 02 搜索要下载的应用程序

打开 Microsoft Edge，❶在搜索引擎的搜索框中输入"QQ 音乐"，❷在搜索结果中单击有"官网"标识的链接，如图 2-30 所示。

图 2-29

图 2-30

步骤 03　选择应用程序的版本

进入程序的官方网页，单击"下载 QQ 音乐客户端"选项组下的"PC 版"按钮，如图 2-31 所示。

图 2-31

步骤 05　设置保存选项

❶在弹出的"另存为"对话框中设置好保存安装包的位置，❷然后单击"保存"按钮，如图 2-33 所示。

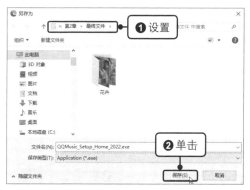

图 2-33

步骤 07　打开文件夹

下载完成后，单击提示框中的"在文件夹中显示"按钮，如图 2-35 所示。

图 2-35

步骤 04　保存安装包

在弹出的提示框中单击"另存为"按钮，如图 2-32 所示。

图 2-32

步骤 06　显示下载进度

在提示框中可看到下载进度，如图 2-34 所示。当进度条显示为 100% 时即下载完成。

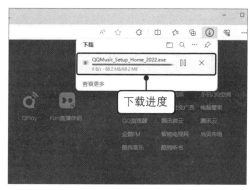

图 2-34

步骤 08　查看下载的文件

打开之前选择的用于保存安装包的文件夹，可看到通过浏览器下载的软件安装包，如图 2-36 所示。

图 2-36

2.2.4 查看与清除历史记录

查看历史记录可以帮助用户快速跳转至之前浏览过的页面，清除历史记录可以保护用户的隐私。

步骤01 查看历史记录

打开 Microsoft Edge，❶单击"中心（收藏夹、阅读列表、历史记录和下载项）"按钮，❷在弹出的菜单中切换到"历史记录"选项卡，如图 2-37 所示。

图 2-37

步骤02 清除单个历史记录

该选项卡中会显示历史记录列表，❶用鼠标右键单击需要删除的历史记录，❷在弹出的快捷菜单中单击"删除"命令，如图 2-38 所示，即可清除单个历史记录。

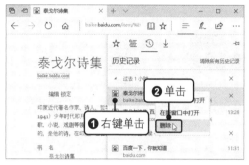

图 2-38

步骤03 清除所有历史记录

如果要清除所有历史记录，则单击"清除所有历史记录"按钮，如图 2-39 所示。

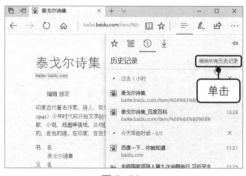

图 2-39

步骤04 打开"设置"窗格

❶单击"设置及更多"按钮，❷在弹出的菜单中单击"设置"命令，如图 2-40 所示。

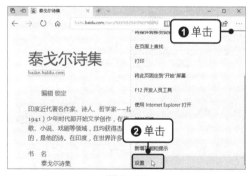

图 2-40

步骤05 清除浏览数据

弹出"设置"窗格，单击"清除浏览数据"选项组下的"选择要清除的内容"按钮，如图 2-41 所示。

步骤06 关闭浏览器时清除历史记录

弹出"清除浏览数据"窗格，单击"关闭浏览器时始终清除历史记录"下的开关按钮，使其呈"开"状态，如图 2-42 所示。

图 2-41

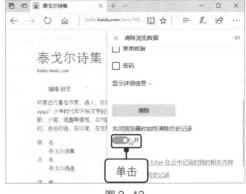

图 2-42

2.3 文件传输工具——微信文件传输助手

微信文件传输助手为用户在手机与计算机之间相互传输文件提供了极大的便利。本节以从计算机向手机传输文件为例讲解具体操作。

◎ **原始文件:** 实例文件\第2章\原始文件\互联网市场的用户行为分析.pptx
◎ **最终文件:** 无

步骤 01 输入网址

启动 Microsoft Edge,在地址栏中输入网址 "https://weixin.qq.com/", 按〈Enter〉键确认,如图 2-43 所示。

步骤 02 启动文件传输助手

打开微信首页,单击"文件传输助手网页版"按钮,如图 2-44 所示。

图 2-43

图 2-44

步骤 03 扫码登录

使用手机微信的"扫一扫"功能扫描页面中的二维码进行登录,如图 2-45 所示。

步骤 04 单击"上传文件"按钮

登录成功后,在弹出的对话框中单击左下方的"上传文件"按钮,如图 2-46 所示。

图 2-45

图 2-46

步骤 05 选择要发送的文件

弹出"打开"对话框，❶选中要发送的文件，❷单击"打开"按钮，如图 2-47 所示。

步骤 06 开始传输文件

开始传输文件，如图 2-48 所示。传输完毕后，该文件会出现在手机微信中"文件传输助手"的对话界面里，可在手机上打开和使用。如果要将手机上的文件传输到计算机上，可在手机微信中向"文件传输助手"发送文件。

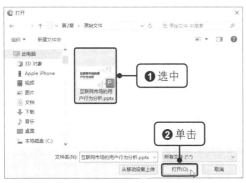

图 2-47

图 2-48

2.4 压缩与解压缩工具——WinRAR

为了节省磁盘空间和文件传输的时间，用户可以对文件进行压缩。WinRAR 是一款功能强大的压缩与解压缩工具，支持 RAR、ZIP 等多种压缩格式，能够帮助用户轻松地创建和管理压缩文件。WinRAR 通常需要由用户自行下载和安装，相关方法可参考 1.6.1 节和 2.2.3 节。

2.4.1 将多个文件压缩为一个文件

当需要传输多个文件且文件较大时，可以把多个文件压缩为一个文件，以方便传输并且节省传输的时间。

◎ **原始文件：** 实例文件\第2章\原始文件\PPT模板2（文件夹）
◎ **最终文件：** 实例文件\第2章\原始文件\PPT模板2\PPT模板2.zip

步骤 01 压缩多个文件

打开"文件资源管理器"窗口，找到需要压缩的文件。❶选中需要压缩的多个文件并单击鼠标右键，❷在弹出的快捷菜单中单击"添加到'PPT 模板 2.zip'"命令，如图 2-49 所示。

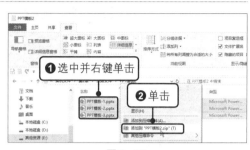

图 2-49

步骤 02 显示压缩进度

弹出"正在创建压缩文件 PPT…"窗口，显示压缩进度，如图 2-50 所示。

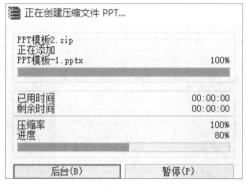

图 2-50

步骤 03 显示压缩结果

完成后多个文件被压缩为一个压缩文件，如图 2-51 所示。

图 2-51

2.4.2 对压缩文件进行解压缩

为了正常地使用压缩文件中的文件，需要对压缩文件进行解压缩，即将压缩文件中的文件或文件夹提取到硬盘上。

◎ **原始文件：** 实例文件\第2章\原始文件\PPT模板1.rar
◎ **最终文件：** 实例文件\第2章\原始文件\PPT模板1（文件夹）

步骤 01 解压缩文件

打开"文件资源管理器"窗口，找到需要解压缩的文件"PPT 模板 1.rar"。❶用鼠标右键单击该文件，❷在弹出的快捷菜单中单击"解压到 PPT 模板 1\"命令，如图 2-52 所示。

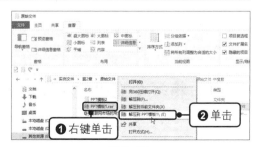

图 2-52

步骤 02 显示解压缩进度

弹出"正在从 PPT 模板 1.rar 中…"窗口，显示解压缩进度，如图 2-53 所示。

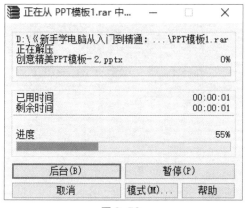

图 2-53

步骤 03 显示解压缩结果

返回"文件资源管理器"窗口，可以看到文件已经被解压缩至"PPT 模板 1"文件夹中，如图 2-54 所示。

图 2-54

2.5 图片浏览工具——360AI 图片

360AI 图片是一个简单好用的看图工具，它除了支持预览和编辑多种格式的图片，还紧跟当今 AI 技术的发展潮流，增加了 AI 图片生成功能，为用户提供图片浏览、编辑、创作的全方位体验。

2.5.1 浏览图片

下载并安装 360AI 图片软件后，就可以利用它浏览图片，下面介绍具体的操作步骤。

◎ **原始文件：** 实例文件\第2章\原始文件\AI图片（文件夹）
◎ **最终文件：** 无

步骤 01 执行菜单命令

打开图片所在文件夹，❶用鼠标右键单击要查看的图片，❷在弹出的快捷菜单中单击"使用 360AI 图片打开"命令，如图 2-55 所示。

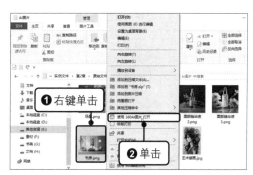

图 2-55

随后会使用 360AI 图片打开所选图片，效果如图 2-56 所示。

图 2-56

步骤 03　单击"下一张"按钮

单击工具栏中的"下一张"按钮，如图 2-57 所示。也可按〈PageDown〉键、〈→〉键或空格键。

图 2-57

步骤 04　查看下一张图片

随后窗口中会切换显示当前文件夹中的下一张图片，如图 2-58 所示。

图 2-58

步骤 05　单击"上一张"按钮

单击工具栏中的"上一张"按钮，如图 2-59 所示。也可按〈PageUp〉键或〈←〉键。

图 2-59

步骤 06　查看上一张图片

随后窗口中会切换显示当前文件夹中的上一张图片，如图 2-60 所示。

图 2-60

2.5.2　编辑图片

360AI 图片提供了图片编辑功能，在查看图片时单击"编辑"按钮，即可进入编辑模式。在编辑模式下，可以对图片进行裁剪、修改尺寸、添加文字标记、调整颜色等操作。

◎ **原始文件：** 实例文件\第2章\原始文件\小羊驼.png
◎ **最终文件：** 实例文件\第2章\最终文件\小羊驼_编辑.jpg

步骤 01 打开图片

❶用鼠标右键单击要查看的图片，❷在弹出的快捷菜单中单击"使用360AI图片打开"命令，如图2-61所示。

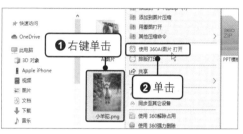

图 2-61

步骤 02 单击"裁剪旋转"按钮

打开图片后，❶单击工具栏中的"编辑"按钮，❷在弹出的菜单中单击"裁剪旋转"按钮，如图2-62所示。

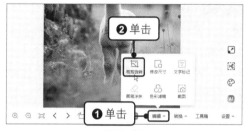

图 2-62

步骤 03 裁剪图片

❶单击"裁剪框比例"下的"3∶2"长宽比，❷拖动裁剪框，调整裁剪框位置，❸单击"确定"按钮，如图2-63所示。

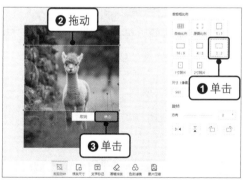

图 2-63

步骤 04 调整图片颜色

❶单击工具栏中的"色彩滤镜"按钮，❷单击"滤镜"下的"清新"滤镜，应用滤镜调整图片颜色，如图2-64所示。

图 2-64

步骤 05 添加文字

❶单击工具栏中的"文字标记"按钮，❷单击"添加文字"按钮，❸在显示的文本框中输入文字，并将其移到图片右下角，❹在右侧设置字体和透明度，如图2-65所示。

步骤 06 单击"另存为"按钮

编辑完成后，单击"另存为"按钮，如图2-66所示。如果不需要保留原图，可以直接单击"保存"按钮。

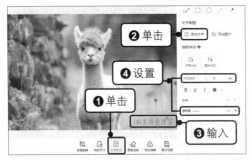

图 2-65

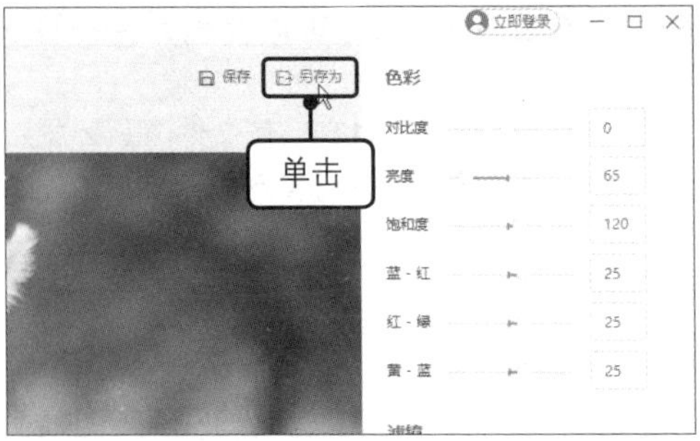

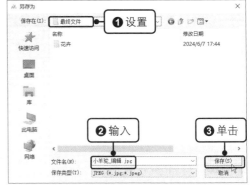

图 2-66

步骤 07 **保存编辑后的图片**

弹出"另存为"对话框，❶设置文件的保
存位置，❷在"文件名"文本框中输入文
件名，❸单击"保存"按钮，如图 2-67
所示。

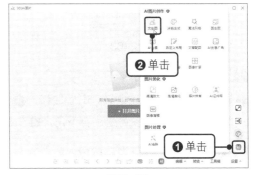

图 2-67

2.5.3 AI 图片创作

360AI 图片集成了丰富的 AI 功能，涵盖 AI 图片创作、图片美化和图片处理等方面。
这些 AI 功能的加入极大地丰富了用户的图片创作和编辑体验，使得图片处理过程变得
更加高效和便捷。本节以文生图为例，体验 360AI 图片的 AI 图片创作功能。

◎ **原始文件：**无
◎ **最终文件：**实例文件\第2章\最终文件\柯基犬.png

步骤 01 **单击"文生图"按钮**

打开 360AI 图片，❶单击右侧工具栏中的
"AI"按钮，❷在弹出的菜单中单击"AI
图片创作"选项组下的"文生图"按钮，
如图 2-68 所示。

图 2-68

步骤 02 输入提示词

弹出"360AI 图片 - 文生图"窗口，❶在左上角的文本框中输入提示词，如"一只活泼可爱的柯基犬，在沐浴着阳光的绿色草坪上欢快地奔跑"，❷单击"词库"按钮，如图 2-69 所示。

图 2-69

步骤 03 添加画幅的描述

弹出"提示词生成器"对话框，❶单击"镜头视角"，❷在展开的选项卡中单击"画幅"，❸再单击下方的"中景 medium shot(MS)"选项，如图 2-70 所示。

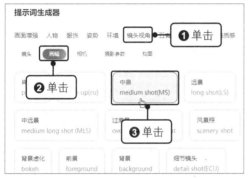

图 2-70

步骤 04 添加构图的描述

❶单击"镜头视角"选项卡下的"构图"，❷然后单击"黄金分割 golden ratio"选项，如图 2-71 所示。

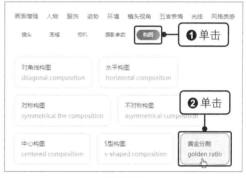

图 2-71

步骤 05 添加画面风格质感的描述

❶单击"风格质感"，❷在展开的选项卡中单击"写实照片"，❸单击下方的"摄影图片 photography"选项，❹再单击"真实的 realistic"选项，❺设置完成后单击"关闭"按钮，如图 2-72 所示。

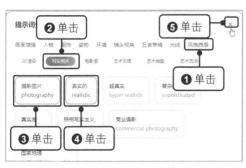

图 2-72

步骤 06 设置长宽比和风格

返回"360AI 图片 - 文生图"窗口，❶单击"比例"下的"16：9"，设置图片长宽比，❷单击"风格"下的"风格万象"，设置图片风格，❸最后单击"立即生成"按钮，如图 2-73 所示。

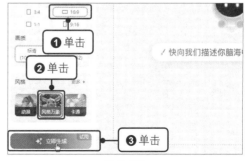

图 2-73

步骤 07 生成图片

等待片刻，即可看到根据提示词和相关设置生成的图片，单击右上角的"下载"按钮，如图 2-74 所示。

图 2-74

步骤 08 保存图片

弹出"另存为"对话框，❶设置文件的保存位置，❷在"文件名"文本框中输入文件名，❸单击"保存"按钮，如图 2-75 所示。

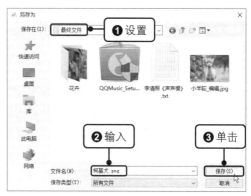

图 2-75

第3章 管理文件与文件夹

文件和文件夹是计算机中组织数据的基本单位，文件用于存储具体信息，文件夹则用于分类整理文件。本章将讲解如何在 Windows 中管理文件与文件夹。

3.1 启动文件资源管理器

文件资源管理器是 Windows 内置的工具，用于浏览、管理和组织计算机上的文件和文件夹。本节将介绍启动文件资源管理器的多种方法。

方法一：从桌面启动

双击桌面上的"此电脑"图标，如图 3-1 所示。如果桌面上未显示该图标，可按照 1.1.2 节讲解的方法进行设置。

图 3-1

方法二：从"开始"菜单启动

❶单击"开始"按钮，❷在弹出的菜单中单击"Windows 系统→文件资源管理器"命令，如图 3-2 所示。

图 3-2

方法三：从右键快捷菜单启动

❶用鼠标右键单击"开始"按钮，❷在弹出的快捷菜单中单击"文件资源管理器"命令，如图 3-3 所示。

图 3-3

方法四：从任务栏启动

按照 1.6.2 节介绍的方法四将文件资源管理器固定到任务栏，然后直接单击任务栏上的程序图标，如图 3-4 所示。

图 3-4

3.2 文件和文件夹的基本操作

文件和文件夹的基本操作包括新建、重命名、移动、复制、删除等，本节将对这些基本操作进行详细的介绍。

3.2.1 新建文件和文件夹

使用文件或文件夹的第一步是新建文件或文件夹，本节将介绍新建文件和文件夹的多种方法。

1. 新建文件

方法一：使用快捷菜单新建文件

步骤 01 使用快捷菜单新建文件

❶在需要新建文件的空白位置单击鼠标右键，❷在弹出的快捷菜单中单击"新建→文本文档"命令，如图 3-5 所示。

步骤 02 显示新建的文件

使用快捷菜单新建的文件如图 3-6 所示。

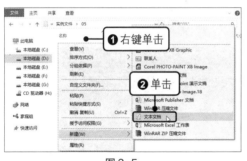

图 3-5

图 3-6

方法二：使用功能区命令新建文件

打开"文件资源管理器"窗口，找到需要新建文件的位置，❶单击"主页"选项标签，❷在"新建"组中单击"新建项目"按钮，❸在展开的列表中单击"文本文档"选项，如图 3-7 所示。

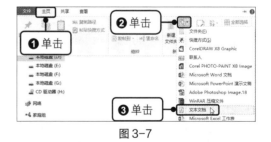

图 3-7

2. 新建文件夹

方法一：使用快捷菜单新建文件夹

步骤 01 使用快捷菜单新建文件夹

打开"文件资源管理器"窗口，❶找到需要新建文件夹的位置，❷在窗口的空白处单击鼠标右键，❸在弹出的快捷菜单中单击"新建→文件夹"命令，如图 3-8 所示。

使用同样的方法新建其他文件夹，效果如图 3-9 所示。

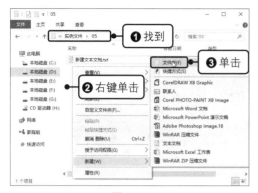

图 3-8

图 3-9

方法二：使用功能区命令新建文件夹

打开"文件资源管理器"窗口，找到需要
新建文件夹的位置，❶单击"主页"选项
标签，❷在"新建"组中单击"新建文件夹"
按钮，如图 3-10 所示。

图 3-10

3.2.2 重命名文件或文件夹

为了更好地区分不同内容的文件或文件夹，用户可以对文件或文件夹进行重命名。
本节以重命名文件夹为例讲解具体操作。

方法一：使用快捷菜单重命名

步骤 01 **执行"重命名"命令**

打开"文件资源管理器"窗口，找到并选
中需要重命名的文件，❶用鼠标右键
击该文件夹，❷在弹出的快捷菜单中单击
"重命名"命令，如图 3-11 所示。

步骤 02 **输入新名称**

在文件夹的名称文本框中输入新名称，如
"工作目标"，如图 3-12 所示。按〈Enter〉
键确认，完成重命名。

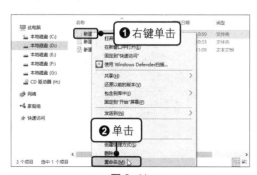

图 3-11

图 3-12

方法二：使用功能区命令重命名

步骤 01　单击"重命名"按钮

选中需要重命名的文件夹，❶单击"主页"选项标签，❷在"组织"组中单击"重命名"按钮，如图 3-13 所示。

步骤 02　输入新名称

在文件夹的名称文本框中输入新名称，如"工作备份"，如图 3-14 所示。按〈Enter〉键确认，完成重命名。

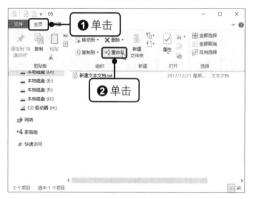

图 3-13

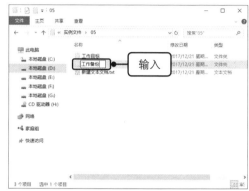

图 3-14

3.2.3　复制和粘贴文件或文件夹

为了避免丢失或误删文件或文件夹，用户可以通过对文件或文件夹进行复制和粘贴来创建备份。本节以复制和粘贴文件夹为例讲解具体操作。

方法一：使用快捷菜单复制和粘贴文件夹

步骤 01　复制文件夹

打开"文件资源管理器"窗口，找到并选中需要复制的文件夹，如"工作目标"，❶用鼠标右键单击该文件夹，❷在弹出的快捷菜单中单击"复制"命令，如图 3-15 所示。

步骤 02　粘贴文件夹

打开粘贴操作的目标文件夹，如"工作备份"，❶在窗口的空白处单击鼠标右键，❷在弹出的快捷菜单中单击"粘贴"命令，如图 3-16 所示。

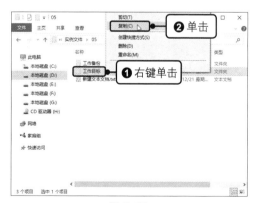

图 3-15

图 3-16

步骤03 查看操作结果

随后在"工作备份"文件夹下可看到"工作目标"文件夹的副本，如图 3-17 所示。

图 3-17

方法二：使用功能区命令复制和粘贴文件夹

步骤01 单击"复制到"按钮

选中要复制的文件夹，❶单击"主页"选项标签，❷在"组织"组中单击"复制到"按钮，❸在展开的列表中单击"选择位置"选项，如图 3-18 所示。

步骤02 选择位置

弹出"复制项目"对话框，选择目标位置，如图 3-19 所示，然后单击"复制"按钮。

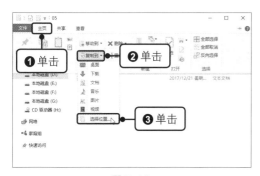

图 3-18

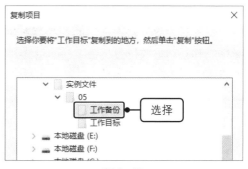

图 3-19

> 📺 **提示**
>
> 　　选中文件或文件夹后，按快捷键〈Ctrl+C〉即可复制，在目标位置按快捷键〈Ctrl+V〉即可粘贴。

3.2.4 移动文件或文件夹

在管理文件或文件夹的过程中，可以使用移动的方法改变文件或文件夹的存储位置。本节以移动文件为例讲解具体操作。

方法一：使用鼠标左键移动

步骤01 使用鼠标左键拖动

打开"文件资源管理器"窗口，找到需要移动的文件，如"新建文本文档 .txt"，❶选中该文件，❷按住鼠标左键不放，将其拖动到导航窗格中的"文档"文件夹中，如图 3-20 所示。

步骤02 查看操作结果

松开左键，打开"文档"文件夹，可看到移动过来的"新建文本文档 .txt"，如图 3-21 所示。

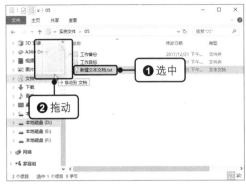

图 3-20

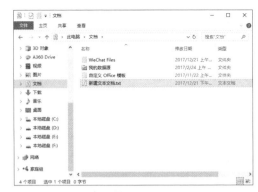

图 3-21

方法二：使用鼠标右键移动

❶选中需要移动的文件，❷按住鼠标右键不放，将其拖动到导航窗格中的目标文件夹中，松开右键，❸在弹出的快捷菜单中单击"移动到当前位置"命令，如图 3-22 所示。

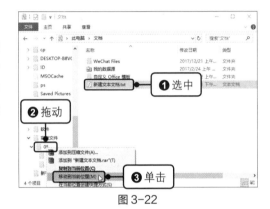

图 3-22

3.3 查看文件或文件夹

文件或文件夹的查看操作主要包括查看属性、更改显示方式和排序方式。

3.3.1 查看属性

通过查看属性的操作，可以了解文件或文件夹的类型、位置、大小、创建时间等信息。本节以查看文件夹的属性为例讲解具体操作。

步骤 01 执行"属性"命令

打开"文件资源管理器"窗口，找到要查看属性的文件夹，❶用鼠标右键单击该文件夹，❷在弹出的快捷菜单中单击"属性"命令，如图 3-23 所示。

步骤 02 查看属性

在打开的对话框中的"常规"选项卡下会显示类型、位置、大小、占用空间、创建时间等信息，如图 3-24 所示。还可切换到"共享""安全"等选项卡执行其他操作。

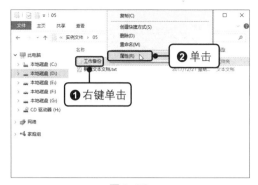

图 3-23

图 3-24

3.3.2 更改显示方式

更改显示方式主要是为了帮助用户更清楚或更方便地查看文件和文件夹。例如，使用大图标可以更清晰地显示图标的细节，以便于区分不同类型的文件；使用小图标则可以在屏幕上显示更多的项目，以便于快速浏览大量文件和文件夹。

步骤01 **更改显示方式**

❶在窗口的空白处单击鼠标右键，❷在弹出的快捷菜单中单击"查看→大图标"命令，如图 3-25 所示。

步骤02 **查看更改后的效果**

更改显示方式后的效果如图 3-26 所示。

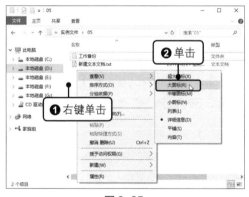

图 3-25

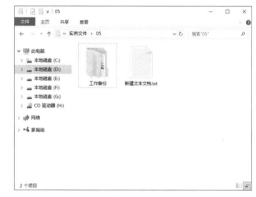

图 3-26

3.3.3 更改排序方式

更改排序方式可以帮助用户更高效地找到所需的文件或文件夹。例如，按大小排序有助于找出占用空间最大的文件，按修改日期排序则有助于快速定位最近修改过的文件。

步骤01 **更改排序方式**

❶在窗口的空白处单击鼠标右键，❷在弹出的快捷菜单中单击"排序方式→修改日期"命令，如图 3-27 所示。

步骤 02 查看更改后的效果

更改排序方式后的效果如图 3-28 所示。

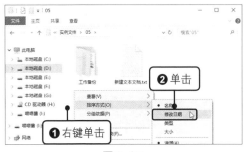

图 3-27

图 3-28

3.4 回收站的管理

在文件资源管理器中选中文件或文件夹后按〈Delete〉键，即可执行临时删除操作，即将文件或文件夹移至回收站。之后，用户可以根据需求将回收站中的文件或文件夹彻底删除或还原至原先的位置。

3.4.1 彻底删除文件或文件夹

如果确定不再需要使用回收站中的文件或文件夹，可以将其彻底删除，以腾出磁盘存储空间。

步骤 01 在回收站中执行"删除"命令

在桌面上双击"回收站"图标，打开"回收站"窗口。❶用鼠标右键单击需要彻底删除的文件夹，❷在弹出的快捷菜单中单击"删除"命令，如图 3-29 所示。

步骤 02 确认删除

弹出确认删除的对话框，单击"是"按钮，如图 3-30 所示。随后所选文件夹会被彻底删除。

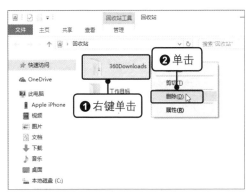

图 3-29

图 3-30

3.4.2　还原文件或文件夹

将文件或文件夹临时删除后，如果又改变了主意，可以在回收站中将文件或文件夹还原到原来的位置。

步骤 01　在回收站中执行"还原"命令

打开"回收站"窗口，❶用鼠标右键单击需要还原的文件夹，❷在弹出的快捷菜单中单击"还原"命令，如图 3-31 所示。

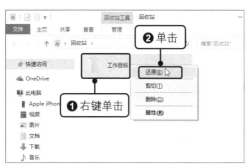

图 3-31

步骤 02　查看还原后的文件夹

打开所选文件夹原先所在的位置，可以看到该文件夹已被还原到该位置，如图 3-32 所示。

图 3-32

第4章 AI 工具让工作如虎添翼

由 ChatGPT 引领的全球人工智能竞赛让曾经遥不可及的尖端技术迅速普及，催生出大量能够切实提高生产力的 AI 工具。本章先简单介绍一些常用的 AI 工具，然后讲解编写提示词的相关知识。后续章节则会结合具体工作场景演示 AI 工具的实际应用。

4.1 认识 AI 工具

随着 AI 技术的飞速发展，AI 工具处理的信息类型正在从文本扩展到图像、音频和视频。尤其是在文本处理和图像生成方面，AI 工具已经展现出令人瞩目的能力。接下来就介绍一些常用的 AI 写作工具和 AI 绘画工具。

4.1.1 常用的 AI 写作工具

目前的主流 AI 写作工具大多数是基于 AI 大语言模型开发的。AI 大语言模型擅长处理文本相关的任务，如文本理解和推理、文本总结、文本分析、文本提取、文本翻译等。这类工具的基本用法也是类似的，用户先用自然语言描述自己的需求，工具就会理解用户需求并生成相应的文本内容。

1. ChatGPT

ChatGPT 是由 OpenAI 开发的多功能人工智能聊天机器人，擅长生成高质量文本、回答问题及执行多种任务，应用范围广泛。其主要优点包括强大的语言处理能力，能够支持从写作到编程等多种应用场景；使用简便，只需输入问题或指令即可获得响应。此外，对于个人用户来说，ChatGPT 的基础版本是免费使用的，这使得获取高质量文本生成服务的成本相对较低，但是针对国内用户使用有一定限制，对于高级功能或大规模调用 API 可能会涉及费用，具体取决于使用的服务计划和调用量。

2. DeepSeek

DeepSeek 是由深寻科技开发的人工智能工具，专注于深度学习和自然语言处理，适用于科研支持、商业分析等专业场景。它利用先进的算法提供高度准确的响应，尤其擅长复杂数据分析和专业知识领域，相较于 ChatGPT，DeepSeek 在专业性和深度分析上更具优势，且在中文处理、数据隐私、定制化服务等方面具有显著优势，尤其适合中国市场的用户。DeepSeek 为用户提供了一个性价比高的解决方案，既能满足专业需求，又能有效控制成本。

3．文心一言

文心一言是百度基于文心大模型开发的聊天机器人，它集成了百度在深度学习、自然语言处理等领域的多年积累，拥有强大的语言理解和生成能力，能够与人进行自然、流畅的对话互动，帮助人们更高效地获取信息、知识和灵感。此外，文心一言基于飞桨深度学习平台和文心知识增强大模型，持续从海量的数据和知识中融合学习，从而具备了知识增强、检索增强和对话增强的技术特色，这也使得它能够更精准地理解用户需求，提供更优质的智能服务。

4．通义千问

通义千问是阿里云推出的类似于 ChatGPT 的超大规模语言模型，具备多轮对话、文案创作、逻辑推理、多模态理解和多语言支持等能力。它能够处理超长文档和多种格式的资料，支持一键速读和解析在线网页，突破了大模型处理长文档的限制。用户可以在论文研读、文献整理、财报分析、数据整合等多种场景中应用通义千问提高工作效率。

5．智谱清言

智谱清言是由智谱 AI 推出的生成式 AI 助手，基于智谱 AI 自主研发的中英双语大模型 ChatGLM，通过万亿字符的文本与代码预训练，以及有监督微调技术的优化，具备通用问答、多轮对话、创意写作、代码生成、虚拟对话、文档和图片解读等能力。此外，智谱清言还提供大量的提示词模板，用户可以根据自己的需求选择相应的模板并稍加修改，从而轻松解决不会写提示词的问题。

4.1.2　常用的 AI 绘画工具

AI 绘画工具的核心是 AI 图像生成技术。这项技术利用机器学习和神经网络技术，让计算机从大量的图像数据中学习图像的模式和结构，并生成新的图像。在日常工作中，可以利用 AI 绘画工具快速、低成本地生成各种风格和内容的设计素材，或者轻松便捷地编辑和优化图像。

1．Midjourney

Midjourney 是目前市场上最成熟、最受欢迎的 AI 绘画工具之一。它拥有出色的"以文生图"和"以图生图"功能，且易于操作，毫无绘画基础的用户也能快速创作出高质量的商业级图像。用户只需用文本指令描述自己的创意构想，必要时可上传参考图，Midjourney 就能生成相应的新图像，并支持对图像进行变体微调、画布扩展、放大重绘、局部重绘等操作。

2．Leonardo AI

Leonardo AI 是一个基于 Stable Diffusion 模型开发的 AI 绘图平台。用户可以使用预训练的模型或者自己训练的模型来创作风格多样的作品，还可以对图像进行智能化编辑，如去除背景、扩展画面、替换物体和人物表情等。

3．Vega AI

Vega AI 是由右脑科技推出的一款 AI 绘画平台。该平台具备强大的生成能力和简单易用的操作界面，支持文生图、图生图、条件生图等多种绘画模式。用户可以通过输入文本描述或上传图片文件，选择喜欢的风格和尺寸，生成高质量的艺术作品。此外，Vega AI 的风格广场还提供其他用户分享的海量绘画风格，涵盖了游戏、人物、插画等各种热门画风，用户可以直接套用这些风格快速生成自己的作品。

4．通义万相

通义万相是由阿里云推出的一款基于通义大模型的 AI 绘画工具。使用通义万相进行创作非常方便，用户只需输入文本描述，选择绘画风格和长宽比，即可轻松生成符合需求的创意画作。此外，通义万相还提供相似图像生成和图像风格迁移两种功能，可以满足更高层次的创作需求。

5．创客贴AI

创客贴 AI 是一个在线 AI 创作平台，集成了多款 AI 创作辅助工具。除了具备文生图、图生图、线稿上色等功能，创客贴 AI 还配备了智能改图、智能抠图、智能设计、AI 商品图等图片编辑工具，可满足设计、修图等多种创作需求。

4.2 认识提示词

与 AI 工具交互时，用户输入的指令有一个专门的名称——提示词（prompt）。提示词是人工智能领域中的一个重要概念，它能影响模型处理和组织信息的方式，从而影响模型的输出。清晰和准确的提示词可以帮助模型生成更准确、更可靠的输出。本节将讲解编写提示词时必须掌握的基础知识。

4.2.1　AI 写作工具提示词的编写原则

为 AI 写作工具编写提示词时要遵循的基本原则没有高深的要求，其与人类之间交流时要遵循的基本原则是一致的，主要有以下 3 个方面。

（1）提示词应没有错别字、标点错误和语法错误。

（2）提示词要简洁、易懂、明确，尽量不使用模棱两可或容易产生歧义的表述。例如，"请写一篇介绍文心一言的文章，不要太长"对文章长度的要求过于模糊，"请写一篇介绍文心一言的文章，不超过 1000 字"则明确指定了文章的长度，显然后者的质量更高。

（3）提示词最好包含完整的信息。如果提示词包含的信息不完整，就会导致需要用多轮对话去补充信息或纠正 AI 工具的回答方向。提示词要包含的内容没有一定之规，一般而言可由 4 个要素组成，具体见表 4-1。

表 4-1

名称	是否必选	含义	示例
指令	是	希望 AI 工具执行的具体任务	请对以下这篇文章进行改写
背景信息	否	任务的背景信息	读者对象是 10 岁的孩子
输入数据	否	需要 AI 工具处理的数据	（原文章的具体内容，从略）
输出要求	否	对输出内容的要求，如字数、格式、写作风格等	用易懂、活泼的风格输出改写后的文章，不超过 500 字

4.2.2　AI 写作工具提示词的编写技巧

为 AI 写作工具编写提示词时，除了要遵循上一节所介绍的基本原则，还可以使用一些技巧来优化提示词。

1. 用特殊符号分隔指令和输入数据

在翻译、总结要点、提取信息等应用场景中，提示词必然会包含指令和待处理的文本（即输入数据）。为便于 AI 工具进行区分，可以使用"###"或""""将待处理的文本括起来。演示对话如下：

请从以下文本中提取 3 个关键词：

文本："""

AI（人工智能）是一门模拟、延伸和扩展人类智能的技术科学，具有学习能力、推理能力、自主决策和适用性等特点，广泛应用于智能家居、自动驾驶、医疗健康、教育和金融等领域。未来，AI 将在更多领域发挥作用，但也面临数据安全、隐私保护和伦理道德等挑战。

"""

AI：AI、应用领域、挑战

2. 提供示例

有时一些需求难以用简洁的文字准确地表达出来，可以通过提供示例来帮助 AI 工具更好地理解需求。演示对话如下：

请从以下地址中提取省份并输出其全称。

例如：上海浦东新区世纪大道→上海市

地址："""

海南三亚市崖州区

广西南宁市青秀区青山路

"""

> **AI** 海南三亚市崖州区→海南省
> 广西南宁市青秀区青山路→广西壮族自治区

3．设定角色身份

为了让 AI 工具以我们期望的方式工作，可以在提示词中（通常是开头部分）为 AI 工具设定一个角色身份。演示对话如下：

> **👤** 我需要你扮演一个翻译机器人。我将输入英文的原文，你只需要给出中文的译文，不需要做任何额外的解释。

> **AI** 好的，请输入您要翻译的英文原文。

> **👤** Today's large language models predict the next series of words based on patterns they have previously seen, including the text input the user provides. In some cases, the next most likely words may not be factually accurate.

> **AI** 现今的大型语言模型基于它们之前所见到的模式预测下一个单词序列，包括用户提供的文本输入。在某些情况下，下一个最可能的单词可能不是事实上准确的。

表 4-2 中根据不同的职业领域，列出了一些实用的提示词实例，供读者参考。

表 4-2

职业领域	提示词实例
新闻传媒	请撰写一则新闻，主题是"全市创建文明城市动员大会召开"，不超过 1 000 字
行政文秘	×× 公司的 CEO 将在 ×× 会议（行业活动）中发表演讲，请撰写一篇演讲稿
人力资源	请撰写一篇人力资源论文，主要内容包括：企业文化的重要性；企业应如何营造积极和高效的工作环境
人力资源	我需要你扮演一名职业咨询师。我将为你提供寻求职业生涯指导的人的信息，你的任务是帮助他们根据自己的技能、兴趣和经验确定最适合的职业。你还应该研究各种可能的就业选项，解释不同行业的就业市场趋势，并介绍有助于就业的职业资格证书。我的第一个请求是"请为想进入建筑行业的土木工程专业应届毕业生提供求职建议"
广告营销	请撰写一系列社交媒体帖子，突出展示 ×× 公司的产品或服务的特点和优势
广告营销	我需要你扮演广告公司的创意总监。你需要创建一个广告活动来推广指定的产品或服务。你将负责选择目标受众，制定活动的关键信息和口号，选择宣传媒体和渠道，并决定实现目标所需的任何其他活动。我的第一个请求是"请为一个潮流服饰品牌策划一个广告活动"

职业领域	提示词实例
自媒体	请撰写一个 iPhone 15 手机开箱视频的脚本，要求使用 B 站热门 up 主的风格，风趣幽默，视频时长约 3 分钟
自媒体	请以小红书博主的文章结构撰写一篇重庆旅游的行程安排建议，要求使用 emoji 增加趣味性，并提供段落配图的链接
软件开发	请撰写一篇软件产品需求文档中的功能清单和功能概述，产品是类似拼多多的 APP，产品的主要功能有：支持手机号登录和注册；能通过手机号加好友；可在首页浏览商品；有商品详情页；有订单页；有购物车
网站开发	我需要你扮演网站开发和网页设计的技术顾问。我将为你提供网站所属机构的详细信息，你的职责是建议最合适的界面和功能，以增强用户体验，并满足机构的业务目标。你应该运用你在 UX/UI 设计、编程语言、网站开发工具等方面的知识，为项目制定一个全面的计划。我的第一个请求是"请为一家拼图销售商开发一个电子商务网站"
教育培训	我需要你扮演一个人工智能写作导师。我将为你提供需要论文写作指导的学生的信息，你的任务是向学生提供如何使用人工智能工具（如自然语言处理工具）改进其论文的建议。你还应该利用你在写作技巧和修辞方面的知识和经验，针对如何更好地以书面形式表达想法提供建议。我的第一个请求是"请为一名需要修改毕业论文的大学本科学生提供建议"

4.2.3 AI 绘画工具提示词的编写技巧

与 AI 写作工具相比，AI 绘画工具的提示词编写有自己独特的技巧。一般来说，AI 绘画工具的提示词由主体、风格、附加细节 3 个基本部分组成。其中，主体是必不可少的，而风格和附加细节则可根据具体情况添加或省略。

1. 主体

主体是指画面的核心内容。提示词中对主体所做描述的清晰和详细程度将直接影响生成图像的效果。对主体的描述可以是一个简单的词语或短句。图 4-1 所示的案例中，提示词对主体的描述非常简单，AI 绘画工具在生成图像时进行了自由发挥，女孩的头发和衣着等方面都存在较大的差异。

对主体的描述也可以是详细和具体的。需要注意的是，并非描述得越详细，生成的图片质量就越高。有时，过于冗长和复杂的提示词反而可能使 AI 工具难以识别关键信息，导致生成的图像内容显得杂乱无章。因此，在需要详细描述主体时，建议根据主次关系，采用多个简短而明确的提示词组合的方式。图 4-2 所示的案例中，提示词具体地描述了女孩的发型、衣着和所在环境，生成的图像在这些方面的特征都比较接近。

一个可爱的女孩

图 4-1

一个可爱的女孩，黑色的头发，扎着两条辫子，穿着白色镶花边的连衣裙，站在开满鲜花的花园中

图 4-2

2. 风格

在 AI 绘画中，风格能在很大程度上决定作品的艺术走向，它又细分为绘画风格和艺术风格。

绘画风格是艺术家在创作过程中形成的一种独特的画面表达方式，包括对色彩、线条、构图等元素的运用。常见的绘画风格有素描、水彩画、水粉画、水墨画、工笔画、油画等。图 4-3 所示的案例在提示词中添加了绘画风格关键词"水彩画"，生成的图像呈现出典型的水彩绘画风格。

艺术风格则是艺术家在创作过程中形成的一种独特的艺术表现形式，它不仅涵盖了绘画风格所包含的内容，还扩展到了艺术家的创作理念、表现手法等方面。常见的艺术风格有印象派、极简主义、巴洛克、洛可可、浮世绘等。图 4-4 所示的案例在提示词中添加了艺术风格关键词"浮世绘"，生成的图像就具有该艺术风格的特点。

一个可爱的女孩，黑色的头发，扎着两条辫子，穿着白色镶花边的连衣裙，水彩画

图 4-3

一个可爱的女孩，黑色的头发，扎着两条辫子，穿着白色镶花边的连衣裙，浮世绘

图 4-4

> 💻 **提示**
>
> 如果需要，还可以在提示词中添加多种描述画面风格的关键词，将多种不同的风格融合在一起，以创造出独特的画面效果。

描述艺术风格时，还可以使用知名艺术家的名字作为关键词，如凡高、毕加索、达芬奇、莫奈、宫崎骏、齐白石、吴冠中、张大千等。图 4-5 所示的案例在提示词中使用了宫崎骏的名字来描述艺术风格，生成的图像在人物形象以及笔触和色彩的运用上较好地体现了这位艺术家的艺术特色。

3. 附加细节

附加细节用于描述关于图像的具体特征的补充信息,如材质、视角、景别、光线、镜头、画质等,引导 AI 工具生成更符合用户期望的图像。图 4-6 所示的案例中,提示词中除了有描述主体和风格的关键词,还有描述景别、视角、画质等附加细节的关键词。

一个可爱的女孩,黑色的头发,扎着两条辫子,穿着白色镶花边的连衣裙,站在开满鲜花的花园中,宫崎骏风格

图 4-5

一个可爱的女孩,黑色的头发,扎着两条辫子,穿着白色镶花边的连衣裙,站在开满鲜花的花园中,凡高风格,远景,左侧视角,高质量细节

图 4-6

> 🖥 **提示**
>
> 有时尽管在提示词中添加了描述视角、景别、光线、镜头的关键词,但 AI 绘画工具并不能总是准确地生成符合预期的图像。在这种情况下,可以尝试多次生成,以获得更理想的结果。

> 🖥 **提示**
>
> 随着人工智能技术的飞速发展,AI 工具正以前所未有的速度迭代更新。本章仅对 AI 工具的基础知识进行了入门性介绍,若您希望系统掌握 AI 工具的实战应用技巧,我们强烈推荐您选购《超实用 AI 工具从入门到精通》一书,该书涵盖文案写作、表格处理、图像生成等多个领域,适合各类职场人士,助您轻松提升工作效率。

第5章 初次接触 Office

初次接触 Office

Office 是由微软公司开发的办公软件套装，它包含多个组件，可以帮助用户高效地完成各种办公任务。本节将带领读者初步认识 Office 的主要组件。

5.1 认识 Office 三大组件的工作界面

作为办公软件套装，Office 由多个组件组成，其中最常用的 3 个组件是 Word、Excel、PowerPoint，分别应用于文档编辑、数据处理、幻灯片演示 3 个领域。这 3 个组件的工作界面大体相同，但又各具特色。用户通过认识这 3 个组件的工作界面，就能大致了解它们各自的特点。

5.1.1 Word 的工作界面

Word 主要用于完成文字处理和文档编排工作。Word 的工作界面由标题栏、功能区、快速访问工具栏、编辑区等部分构成。Word 工作界面中各元素的名称和功能如图 5-1 和表 5-1 所示。

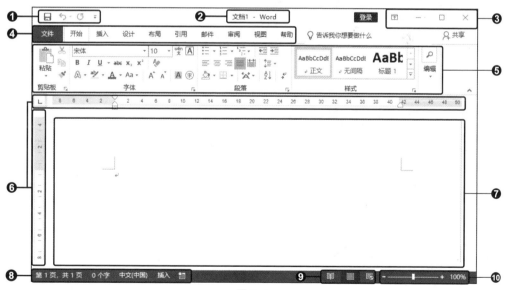

图 5-1

表 5-1

序 号	名 称	功 能
❶	快速访问工具栏	用于放置常用的按钮，如"撤销""保存"等
❷	标题栏	用于显示当前文档的名称
❸	窗口控制按钮	可对当前窗口进行最大化、最小化及关闭等操作，以及控制功能区的显示方式
❹	选项卡	显示各个功能区的名称
❺	功能区	包含大部分功能按钮，并分组显示，方便用户使用
❻	标尺	用于手动调整页边距或表格列宽等
❼	编辑区	用于输入和编辑文档内容
❽	状态栏	用于显示当前文档的信息
❾	视图按钮	单击其中某一按钮可切换至相应的视图
❿	显示比例	用于更改当前文档的显示比例

> 🖥 **提示**
>
> 在 Word 中，为了扩大编辑区以看到更多文档内容，可在"视图"选项卡下的"显示"组中取消勾选"标尺"复选框，隐藏标尺。当需要使用标尺时，再勾选"标尺"复选框恢复标尺的显示。

5.1.2 Excel 的工作界面

Excel 是一款强大的电子表格软件，主要用于完成数据的处理、统计、分析和可视化。除了和 Word 的工作界面拥有相同的标题栏、功能区、快速访问工具栏等元素以外，Excel 还有自己的特点。Excel 工作界面独有元素的名称及功能如图 5-2 和表 5-2 所示。

5.1.3 PowerPoint 的工作界面

PowerPoint 是一款演示文稿制作和放映软件，能够帮助用户以视觉化的方式呈现信息，增强表达效果。PowerPoint 的工作界面中相对于其他组件的独有元素是幻灯片浏览窗格，其中显示了演示文稿中每张幻灯片的序号和缩略图，如图 5-3 所示。

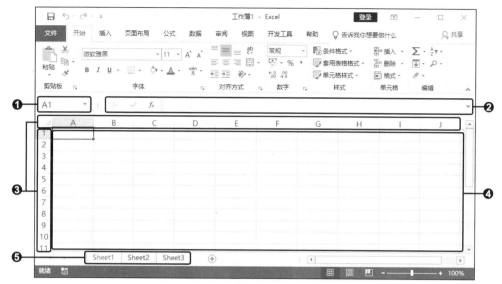

图 5-2

表 5-2

序 号	名 称	功 能
❶	名称框	显示当前单元格或单元格区域的名称
❷	编辑栏	用于输入和编辑当前单元格中的数据、公式等
❸	列标和行号	用于标识单元格的地址,即所在行、列的位置
❹	编辑区	编辑内容的区域,由多个单元格组成
❺	工作表标签	用于显示工作表的名称,单击标签可切换工作表

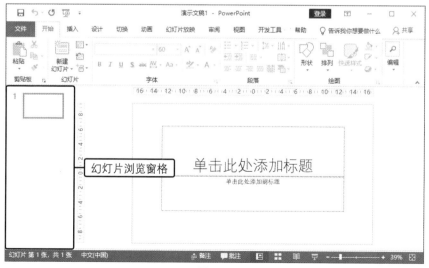

图 5-3

Office 拥有非常多的快捷键，并且这些快捷键还是可视化的。就算是初学者，相信只要使用一段时间后，也可以顺利地熟记它们。按〈Alt〉键，即可在功能区看到 Office 的可视化快捷键，用〈Alt〉键配合键盘上的其他按键，就可以很方便地调用 Office 的各项功能。

5.2 启动与退出 Office

要使用 Office 办公，首先需要学习的就是如何启动 Office，以及在使用完 Office 后如何退出程序。

5.2.1 启动 Office

当 Office 安装完成后，在"开始"菜单中将显示所有已安装的 Office 组件，因此，启动 Office 最直接的方法就是在"开始"菜单中单击某个组件的快捷方式。下面以启动 Excel 为例介绍启动 Office 的方法。

方法一：从"开始"菜单启动

❶单击桌面左下角的"开始"按钮，❷在弹出的"开始"菜单中单击"Excel"，如图 5-4 所示，即可启动 Excel 组件。

方法二：从任务栏启动

将 Excel 组件固定到任务栏，在任务栏中单击"Excel"图标，如图 5-5 所示，即可启动 Excel 组件。

图 5-4

图 5-5

5.2.2 退出 Office

退出 Office 的方法相当简单，只需单击程序窗口右上角的"关闭"按钮即可。

例如，启动 Excel 后，单击右上角的"关闭"按钮，如图 5-6 所示，Excel 即被关闭。

图 5-6

5.3 ← Office 的基本操作

　　启动 Office 后，就需要开始了解 Office 的基本操作，包括如何创建、打开、保存文件。

5.3.1 文件的创建

　　在 Office 中，既可以创建一个空白的文件，也可以基于模板或现有的文件创建新的文件。下面就以创建 Excel 工作簿为例介绍创建 Office 文件的方法。

1. 创建空白文件

　　当用户需要制作一个工作表的时候，往往都是从创建空白工作簿开始的。在已启动 Excel 的情况下，创建的空白工作簿将被自动命名为"工作簿1"。

步骤01 创建空白工作簿

启动 Excel 后，在开始屏幕中单击"空白工作簿"图标，如图 5-7 所示。

步骤02 查看创建空白工作簿的效果

此时创建了一个空白工作簿，自动命名为"工作簿1"，如图 5-8 所示。

图 5-7　　　　　　　　　　　　　　图 5-8

2. 基于模板创建文件

　　模板包含固定的基本结构和格式设置。选择与要制作的工作簿具有类似结构和格式的模板创建工作簿，再添加个性化的内容并稍做修改，就能快速完成工作，从而大大节约时间。

◎ **原始文件：** 无
◎ **最终文件：** 实例文件\第5章\最终文件\甘特项目规划器.xlsx

步骤01　选择模板

启动 Excel，在开始屏幕中单击要使用的模板，如"甘特项目规划器"，如图 5-9 所示。

步骤02　单击"创建"按钮

弹出模板信息面板，单击"创建"按钮，如图 5-10 所示。

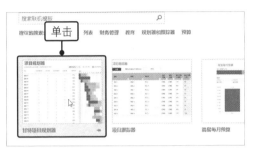

图 5-9

图 5-10

步骤03　查看创建工作簿的效果

此时基于模板创建了一个项目规划器的工作簿，如图 5-11 所示。

图 5-11

3. 搜索联机模板创建文件

如果开始屏幕中显示的模板均不能满足需求，可以通过搜索联机模板来创建文件。

◎ **原始文件：** 无
◎ **最终文件：** 实例文件\第5章\最终文件\现金流量表.xlsx

步骤01　搜索联机模板

启动 Excel，❶在开始屏幕的搜索框中输入搜索模板的关键词，如"现金流量表"，❷单击"开始搜索"按钮，如图 5-12 所示。

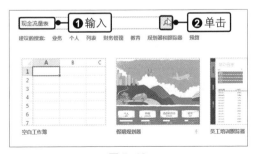

图 5-12

步骤02 选择模板

在搜索结果中单击符合要求的"现金流量表"模板，如图 5-13 所示。

图 5-13

步骤03 单击"创建"按钮

弹出模板信息面板，单击"创建"按钮，如图 5-14 所示。

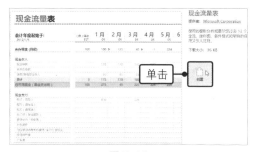

图 5-14

步骤04 查看创建工作簿的效果

此时基于联机模板创建了一个新工作簿，如图 5-15 所示。

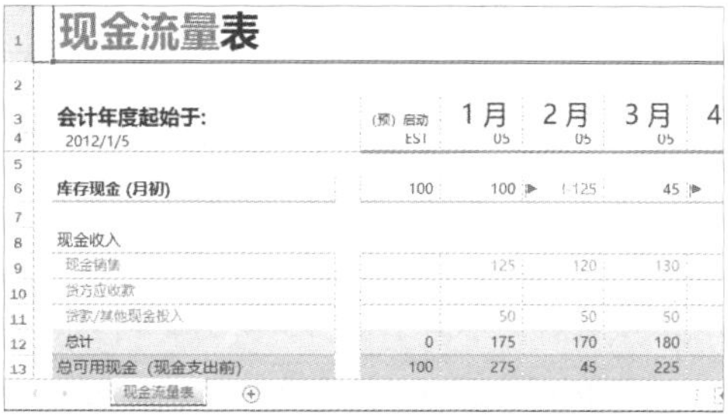

1	现金流量表					
3	会计年度起始于:		(预) 启动	1 月	2 月	3 月	4
4	2012/1/5		EST	05	05	05	
6	库存现金 (月初)		100	100 ▶	125	45 ▶	
8	现金收入						
9	现金销售			125	120	130	
10	贷方应收款			50	50	50	
11	贷款/其他现金投入						
12	总计		0	175	170	180	
13	总可用现金 (现金支出前)		100	275	45	225	

现金流量表 ⊕

图 5-15

5.3.2 文件的打开与保存

打开文件有两种方法：一种是使用对话框打开，另一种是通过"最近使用的文档"列表打开。打开并使用文件后，可对文件进行保存或另存为操作。下面同样以 Excel 为例进行讲解。

1. 打开文件并保存文件

在"打开"对话框中可以打开需要查看或编辑的文件。如果要保存修改后的文件，可以使用"保存"命令。

◎ **原始文件：** 实例文件\第5章\原始文件\员工一览表.xlsx
◎ **最终文件：** 实例文件\第5章\最终文件\员工一览表.xlsx

步骤01 单击"打开"命令

创建一个空白工作簿，❶在"文件"菜单中单击"打开"命令，❷在右侧的面板中单击"浏览"按钮，如图 5-16 所示。

图 5-16

步骤02 选择要打开的文件

弹出"打开"对话框，❶选中需要打开的工作簿，如"员工一览表 .xlsx"，❷单击"打开"按钮，如图 5-17 所示。

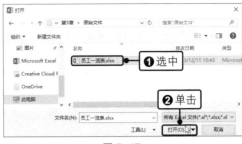

图 5-17

步骤03 保存文件

此时即打开了所选工作簿，用户可以在工作簿中修改工作表，修改完成后，在快速访问工具栏中单击"保存"按钮，如图 5-18 所示，即可保存修改后的工作簿，工作簿的名称和保存路径不变。

图 5-18

💻 提示

打开文件的快捷键是〈Ctrl+O〉，保存文件的快捷键是〈Ctrl+S〉。

2. 打开最近使用的文件并另存文件

"最近使用的文档"列表列出了最近使用过的文件，以方便用户快速打开。打开并编辑文件后，如果既要保持原文件不变，又要保存已做的修改，则需使用"另存为"命令。

◎ **原始文件：** 实例文件\第5章\原始文件\员工胸卡制作.xlsx
◎ **最终文件：** 实例文件\第5章\最终文件\员工胸卡制作1.xlsx

步骤01 打开文件

启动 Excel，在开始屏幕左侧的"最近使用的文档"列表中单击要打开的工作簿，如"员工胸卡制作 .xlsx"，如图 5-19 所示。

步骤02 另存文件

此时打开了所选工作簿，对其进行修改后，在"文件"菜单中单击"另存为→浏览"命令，如图 5-20 所示。

图 5-19

图 5-20

步骤03　设置保存选项

弹出"另存为"对话框，❶设置好保存位置，❷在"文件名"文本框中输入新的文件名，❸单击"保存"按钮，如图 5-21所示。

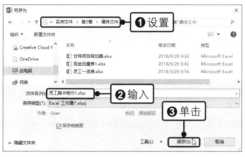

图 5-21

步骤04　查看另存为的效果

此时修改后的工作簿被另存为一个新的工作簿，可以看见标题栏中工作簿的名称发生了改变，如图 5-22 所示。

图 5-22

5.4 ▸ 设置 Office 的工作界面

　　Office 允许用户按照自己的喜好和习惯对工作界面进行自定义，包括设置功能区中的功能按钮、快速访问工具栏中的快捷按钮等。

5.4.1　自定义功能区

　　用户可以自定义 Office 的功能区，例如，在功能区中添加更多选项卡，并在选项卡中添加分组和功能按钮。下面以 Word 为例讲解具体操作。

步骤01　自定义功能区

启动 Word，执行"文件→选项"命令，打开"Word 选项"对话框，单击"自定义功能区"选项，如图 5-23 所示。

图 5-23

步骤02　新建选项卡

❶在右侧的列表框中单击"开始"选项，❷单击"新建选项卡"按钮，如图 5-24所示。

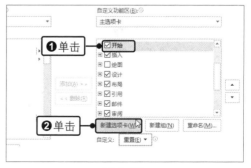

图 5-24

此时在"开始"选项卡下方新建了一个选项卡，且包含一个新建组，❶单击"新建选项卡（自定义）"选项，❷单击"重命名"按钮，如图5-25所示。

图5-25

此时可以看到新建的选项卡被重新命名，❶单击"新建组（自定义）"选项，❷单击"重命名"按钮，如图5-27所示。

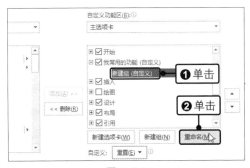

图5-27

浏览左侧的列表框，❶选中要添加的功能按钮，如"格式刷"，❷单击"添加"按钮，如图5-29所示。

弹出"重命名"对话框，❶在"显示名称"文本框中输入合适的选项卡名称，如"我常用的功能"，❷单击"确定"按钮，如图5-26所示。

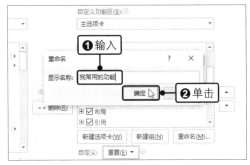

图5-26

弹出"重命名"对话框，❶在"显示名称"文本框中输入组的名称，如"调整格式"，❷单击"确定"按钮，如图5-28所示。

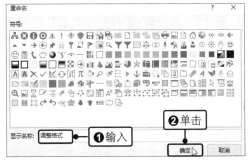

图5-28

图5-29

步骤08 查看添加功能按钮的效果

此时在右侧列表框的"调整格式（自定义）"组下可以看到添加了"格式刷"按钮，如图 5-30 所示。

图 5-30

步骤09 完成添加

重复同样的操作，❶选择需要的按钮进行添加，❷添加完毕后单击"确定"按钮，如图 5-31 所示。

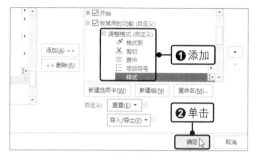

图 5-31

步骤10 查看自定义功能区的效果

返回主界面，可以看到增加了一个"我常用的功能"选项卡，该选项卡包含一个"调整格式"组，该组中包含自定义添加的功能按钮，如图 5-32 所示。

图 5-32

5.4.2 自定义快速访问工具栏

快速访问工具栏用于放置快捷功能按钮，默认包含 3 个功能按钮。为了方便操作，可以在快速访问工具栏中添加更多的功能按钮。下面以 Word 为例进行介绍。

步骤01 添加功能按钮

打开"Word 选项"对话框，❶在左侧单击"快速访问工具栏"选项，❷在右侧面板中的左侧列表框中选中所需的功能按钮，如"查找"，❸单击"添加"按钮，如图 5-33 所示。

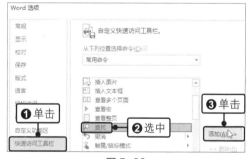

图 5-33

步骤02 单击"确定"按钮

❶此时可以看到右侧列表框中添加了"查找"按钮，❷单击"确定"按钮，如图 5-34 所示。

步骤03 查看添加按钮的效果

返回主界面，在快速访问工具栏中可以看到添加的功能按钮，如图 5-35 所示。

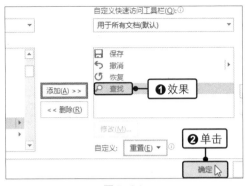

图 5-34

图 5-35

💻 提示

在快速访问工具栏中添加按钮还有两种方法：单击快速访问工具栏右侧的下拉按钮，在展开的列表中单击需要添加的按钮；在功能区中用鼠标右键单击要添加的按钮，在弹出的快捷菜单中单击"添加到快速访问工具栏"命令。

<table>
<tr><td>

第 6 章

</td><td>

Word 的基本操作

本章将讲解 Word 的基本操作，主要内容包括文本的输入、文档的编辑和格式设置等。完成本章的学习后，读者应能熟练地使用 Word 创建和编辑仅包含基础文本的文档，并为它们设置既专业又美观的版面效果。

</td></tr>
</table>

6.1 输入文本

在 Word 中制作文档时，大多数文本都可以通过键盘输入。对于一些经常用到的文本，Word 提供了快捷的输入方法。对于难以用键盘输入的文本，如一些特殊符号，Word 也提供了相应的输入工具。

6.1.1 输入日期和时间

借助 Word 的插入日期和时间功能可在文档中快速输入当前的日期和时间。该功能提供多种日期和时间格式，这些格式除了有详略之分外，还能适配不同语言的表达习惯。例如，在中文文档中可以根据实际需求选择阿拉伯数字格式或汉字数字格式。

◎ **原始文件：** 实例文件\第6章\原始文件\输入日期和时间.docx
◎ **最终文件：** 实例文件\第6章\最终文件\输入日期和时间.docx

步骤01 单击"日期和时间"按钮

打开原始文件，将插入点定位在需要输入日期的位置上，切换到"插入"选项卡，单击"文本"组中的"日期和时间"按钮，如图 6-1 所示。

步骤02 选择日期的格式

弹出"日期和时间"对话框，❶在"可用格式"列表框中选中所需格式，❷单击"确定"按钮，如图 6-2 所示。如果要让日期自动与当前时间同步变化，可勾选"自动更新"复选框。

图 6-1

图 6-2

步骤03 查看插入日期的效果

随后会在插入点的位置插入所选格式的日期，如图 6-3 所示。

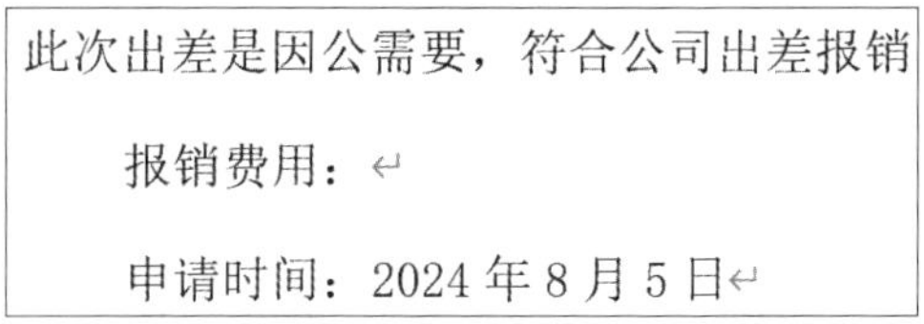

此次出差是因公需要，符合公司出差报销

报销费用：

申请时间：2024 年 8 月 5 日

图 6-3

6.1.2 插入特殊符号

如果遇到无法用键盘输入的特殊符号，可使用 Word 提供的插入符号功能来输入。

◎ **原始文件：**实例文件\第6章\原始文件\插入特殊符号.docx

◎ **最终文件：**实例文件\第6章\最终文件\插入特殊符号.docx

步骤01 单击“其他符号”按钮

打开原始文件，将插入点置于要插入符号的位置，❶在“插入”选项卡下单击“符号”组中的“符号”按钮，❷在展开的列表中单击“其他符号”按钮，如图 6-4 所示。

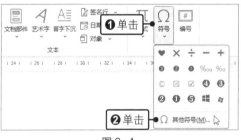

图 6-4

步骤02 插入常用的特殊符号

弹出“符号”对话框，❶切换至“特殊字符”选项卡，❷在“字符”列表框中双击要插入的符号，如表示“版权所有”的符号，如图 6-5 所示。

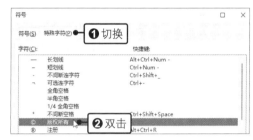

图 6-5

步骤03 查看插入符号的效果

关闭“符号”对话框，返回文档，即可看到插入的符号，如图 6-6 所示。

更新 A 系列产品线至第 5 代。

发布新产品线 B 系列。

技术研发投资增长 25%。

效果

版权所有 © 2024 HSJ Corporation. 保留所有权利。

图 6-6

步骤04 插入字体中的符号

定位插入点，打开“符号”对话框，❶切换至“符号”选项卡，❷在“字体”下拉列表框中选择一种字体，❸在下方浏览该字体中的字符并双击所需的数字序号，如图 6-7 所示。

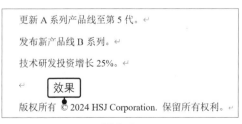

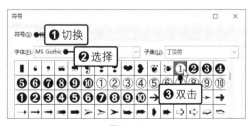

图 6-7

步骤05 **查看插入符号的效果**

使用相同的方法在其他位置插入数字序号，效果如图 6-8 所示。

 提示

单击"符号"按钮展开的列表中会显示近期使用过的符号，以便于用户再次插入。

图 6-8

6.2 文档的编辑操作

在文档中输入文本内容后，可对其进行编辑。文档的常用编辑操作包括选择文本、剪切和复制文本、删除和修改文本、查找和替换文本、插入 / 改写模式的切换。

6.2.1 选择文本

要对 Word 文档中的文本进行操作，首先需要选择这些文本。选择文本的方式有很多种，可以选择一个词组、一个整句、一行或整个文档内容。

◎ **原始文件：** 实例文件\第6章\原始文件\选择文本.docx
◎ **最终文件：** 无

步骤01 **选择一个词组**

打开原始文件，在要选择的词组中双击，即可选择该词组，如图 6-9 所示。

步骤02 **选择一个整句**

按住〈Ctrl〉键不放，在要选择的句子中单击，即可选择一个整句，如图 6-10 所示。

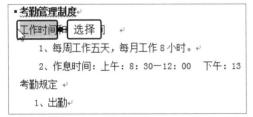

图 6-9

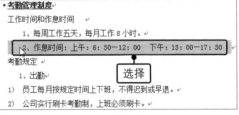

图 6-10

步骤03 **选择一行**

将鼠标指针指向一行的左侧，当指针呈右斜箭头形状时，单击鼠标，即可选择指针右侧的一行文本，如图 6-11 所示。

步骤04 **选择任意的连续文本**

将鼠标指针定位在要选择的文本的最左侧，拖动鼠标，即可选择任意连续的文本内容，如图 6-12 所示。

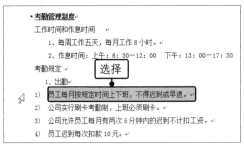

图 6-11

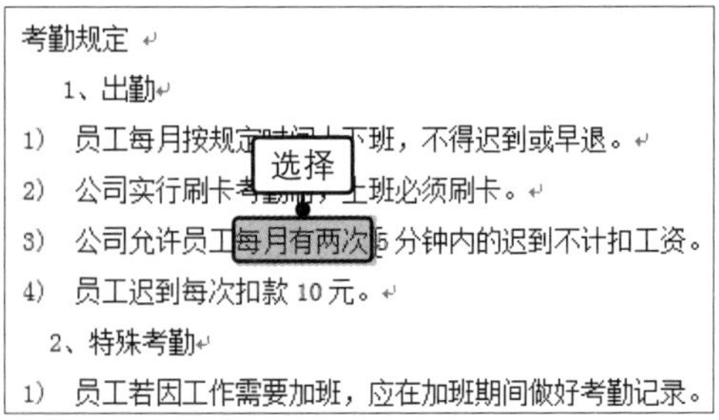

考勤规定

1、出勤

1) 员工每月按规定时间上下班，不得迟到或早退。
2) 公司实行刷卡考勤制，上班必须刷卡。
3) 公司允许员工每月有两次5分钟内的迟到不计扣工资。
4) 员工迟到每次扣款10元。

2、特殊考勤

1) 员工若因工作需要加班，应在加班期间做好考勤记录。

图 6-12

步骤 05　选择矩形区域的文本

按住〈Alt〉键不放，纵向拖动鼠标，可选择一个矩形区域的文本，如图 6-13 所示。

步骤 06　选择所有的文本

将鼠标指针指向整个文档的左侧，当指针呈右斜箭头形状时，三击鼠标，即可选择整个文档的文本内容，如图 6-14 所示。

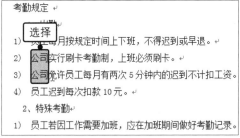

图 6-13

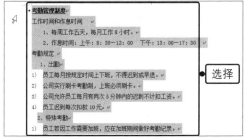

图 6-14

💻 **提示**

　　将鼠标指针指向某个文本段落的左侧，当指针呈右斜箭头形状时，双击鼠标，可选择该段落。

6.2.2　剪切和复制文本

　　剪切和复制文本都可以将文本放入剪贴板，不同的是剪切文本后原文本被删除，而复制文本后原文本不变。

　　◎　**原始文件：** 实例文件\第6章\原始文件\剪切和复制文本.docx
　　◎　**最终文件：** 实例文件\第6章\最终文件\剪切和复制文本.docx

步骤 01　剪切文本

打开原始文件，❶选择暂时不用的文本内容，❷在"开始"选项卡下单击"剪贴板"组中的"剪切"按钮，如图 6-15 所示。

步骤 02　查看剪切文本后的效果

此时可以看到文档中所选文本已经消失，如图 6-16 所示。

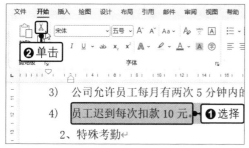

图 6-15

图 6-16

> **提示**
>
> 　　要快速复制文本,可使用复制快捷键〈Ctrl+C〉配合粘贴快捷键〈Ctrl+V〉,而移动文本可使用剪切快捷键〈Ctrl+X〉配合粘贴快捷键〈Ctrl+V〉。需要注意的是,使用这些快捷键复制和移动文本后,粘贴的不仅是文本的内容,文本的格式也有可能会被粘贴,如果只想粘贴文本内容,可使用选择性粘贴功能。

步骤 03　单击对话框启动器

如果要查看被剪切的内容,可以单击"剪贴板"组的对话框启动器,如图 6-17 所示。

步骤 04　查看剪切的内容

打开"剪贴板"窗格,其中会显示剪切的内容,如图 6-18 所示。单击窗格中的内容可将其粘贴到文档中。

图 6-17

图 6-18

步骤 05　复制文本

❶选择需要复制的文本,❷在"剪贴板"组中单击"复制"按钮,如图 6-19 所示。

步骤 06　粘贴文本

定位插入点,❶在"剪贴板"组中单击"粘贴"下拉按钮,❷在展开的列表中单击"只保留文本"选项,如图 6-20 所示。

图 6-19

图 6-20

步骤 07　查看粘贴文本后的效果

此时在插入点定位处出现了和步骤 05 中所选文本一样的文本，如图 6-21 所示。

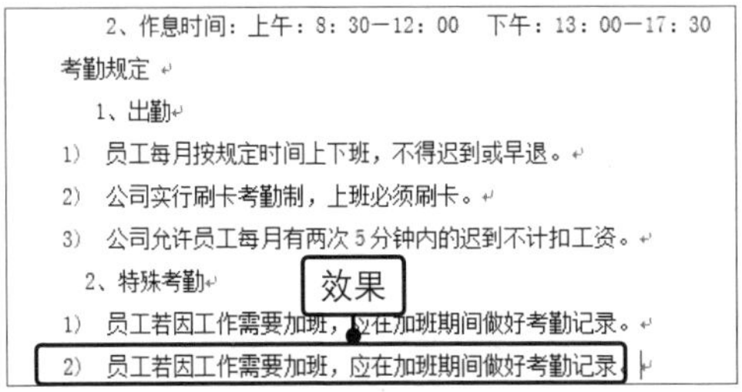
2、作息时间：上午：8：30—12：00　下午：13：00—17：30

考勤规定

1、出勤

1）员工每月按规定时间上下班，不得迟到或早退。

2）公司实行刷卡考勤制，上班必须刷卡。

3）公司允许员工每月有两次 5 分钟内的迟到不计扣工资。

2、特殊考勤

1）员工若因工作需要加班，应在加班期间做好考勤记录。

2）员工若因工作需要加班，应在加班期间做好考勤记录。

图 6-21

步骤 08　修改文本

对复制粘贴后的文本稍做修改，即可快速完成文档的编辑，如图 6-22 所示。

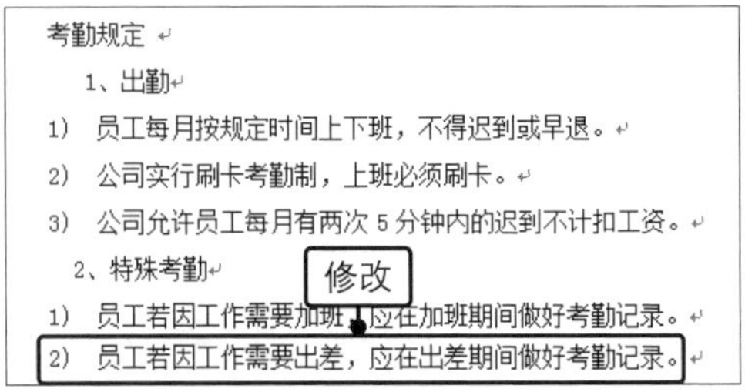
考勤规定

1、出勤

1）员工每月按规定时间上下班，不得迟到或早退。

2）公司实行刷卡考勤制，上班必须刷卡。

3）公司允许员工每月有两次 5 分钟内的迟到不计扣工资。

2、特殊考勤

1）员工若因工作需要加班，应在加班期间做好考勤记录。

2）员工若因工作需要出差，应在出差期间做好考勤记录。

图 6-22

6.2.3　删除和修改文本

删除文本是指将文本从文档中清除。修改文本是指选择文本后，在原文本的位置上输入新的文本。

◎ **原始文件：** 实例文件\第6章\原始文件\删除和修改文本.docx

◎ **最终文件：** 实例文件\第6章\最终文件\删除和修改文本.docx

步骤 01　选择要删除的文本

打开原始文件，选择需要删除的文本，如图 6-23 所示。

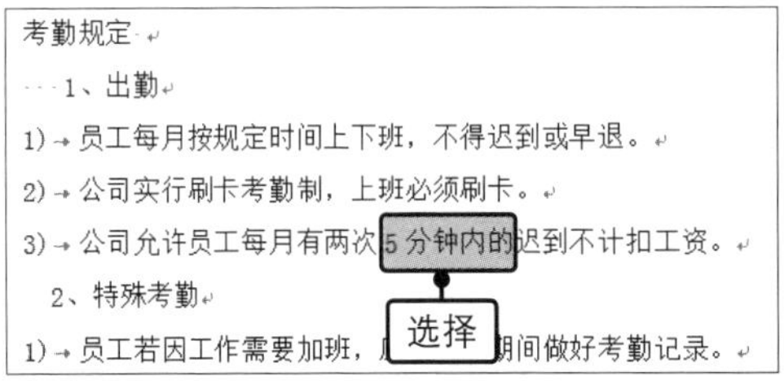
考勤规定

1、出勤

1）员工每月按规定时间上下班，不得迟到或早退。

2）公司实行刷卡考勤制，上班必须刷卡。

3）公司允许员工每月有两次 5 分钟内的迟到不计扣工资。

2、特殊考勤

1）员工若因工作需要加班，应在加班期间做好考勤记录。

图 6-23

步骤 02　删除文本

按〈Delete〉键，可以看到所选文本已被删除，如图 6-24 所示。

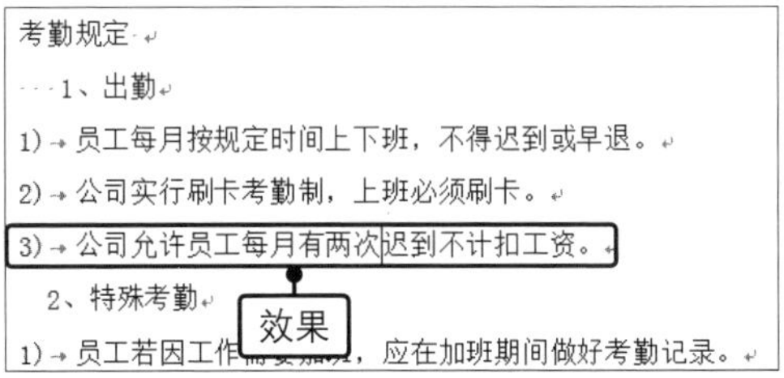
考勤规定

1、出勤

1）员工每月按规定时间上下班，不得迟到或早退。

2）公司实行刷卡考勤制，上班必须刷卡。

3）公司允许员工每月有两次迟到不计扣工资。

2、特殊考勤

1）员工若因工作需要加班，应在加班期间做好考勤记录。

图 6-24

步骤 03　选择要修改的文本

选择需要修改的文本，如图 6-25 所示。

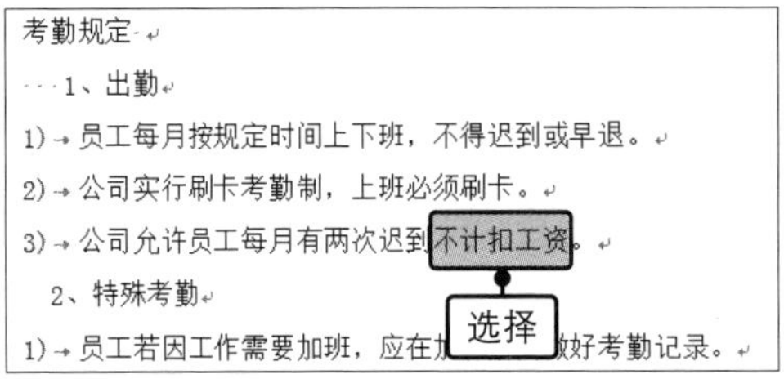
考勤规定

1、出勤

1）员工每月按规定时间上下班，不得迟到或早退。

2）公司实行刷卡考勤制，上班必须刷卡。

3）公司允许员工每月有两次迟到不计扣工资。

2、特殊考勤

1）员工若因工作需要加班，应在加班期间做好考勤记录。

图 6-25

步骤 04　输入新的文本

直接输入新的文本，完成修改，如图 6-26 所示。

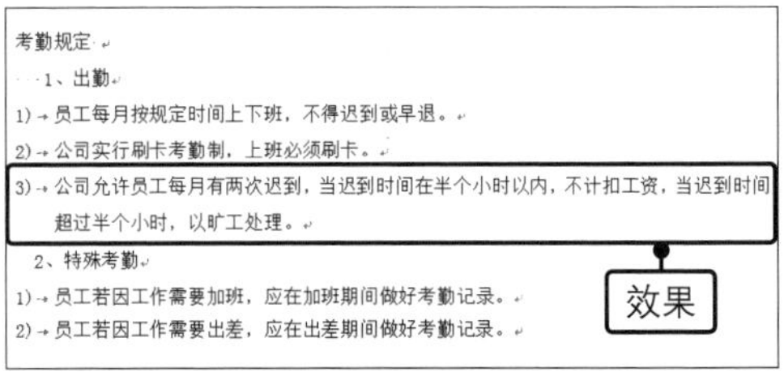
考勤规定

1、出勤

1）员工每月按规定时间上下班，不得迟到或早退。

2）公司实行刷卡考勤制，上班必须刷卡。

3）公司允许员工每月有两次迟到，当迟到时间在半个小时以内，不计扣工资，当迟到时间超过半个小时，以旷工处理。

2、特殊考勤

1）员工若因工作需要加班，应在加班期间做好考勤记录。

2）员工若因工作需要出差，应在出差期间做好考勤记录。

图 6-26

6.2.4 查找和替换文本

查找功能可以在文档中快速、准确、无遗漏地定位特定文本。如果文档中有多处相同的错误，可以使用替换功能进行批量修改。

◎ **原始文件：** 实例文件\第6章\原始文件\查找和替换文本.docx
◎ **最终文件：** 实例文件\第6章\最终文件\查找和替换文本.docx

步骤01 单击"替换"按钮

打开原始文件，在"开始"选项卡下单击"编辑"组中的"替换"按钮，如图6-27所示。

图6-27

步骤02 输入并查找文本

弹出"查找和替换"对话框，❶切换到"查找"选项卡，❷在"查找内容"文本框中输入需要查找的文本"每月"，❸单击"查找下一处"按钮，如图6-28所示。

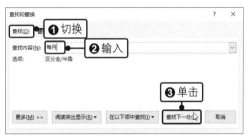

图6-28

步骤03 显示查找结果

此时可以看见查找到的第一处"每月"，如图6-29所示。继续单击"查找下一处"按钮，可查找其他的"每月"。

图6-29

步骤04 突出显示文本

为了方便查看在文档中查找到的所有文本，可以将其突出显示。在"查找和替换"对话框中单击"阅读突出显示"按钮，在展开的列表中单击"全部突出显示"选项，如图6-30所示。

图6-30

步骤05 查看突出显示查找结果的效果

此时所有的"每月"都被加上了黄色的背景，如图6-31所示。

步骤 06 　输入替换内容

结合上下文发现有部分"每月"需改为"每天"，❶切换到"替换"选项卡，❷在"替换为"文本框中输入"每天"，❸单击"查找下一处"按钮，如图 6-32 所示。

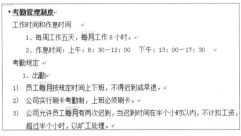

图 6-31

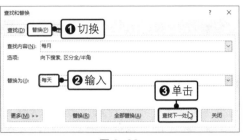

图 6-32

步骤 07 　查找需要替换的文本

文档中定位至第一处"每月"，根据上下文判断出此处有误，如图 6-33 所示。

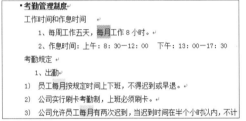

图 6-33

步骤 08 　单击"替换"按钮

在"查找和替换"对话框中单击"替换"按钮，如图 6-34 所示。

图 6-34

> 🖳 **提示**
>
> 　　查找和替换功能支持使用通配符进行模糊查找。例如，使用星号"*"通配符可匹配任意数量（包含 0 个）的字符，使用问号"?"通配符可匹配任意单个字符。

步骤 09 　单击"确定"按钮

继续查找和替换其他有错的文本，完成后弹出提示框，提示用户已完成对文档的搜索，单击"确定"按钮，如图 6-35 所示。

图 6-35

步骤 10 　查看替换文本后的效果

返回文档，可以看到错误的文本已被替换成正确的文本，如图 6-36 所示。

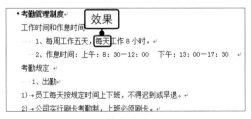

图 6-36

6.2.5　插入/改写模式的切换

插入和改写模式决定了输入文本时 Word 如何处理插入点之后的文本。在插入模式下，输入的文本会插入到插入点所在的位置，不会覆盖插入点之后的文本。在改写模式下，输入的文本会替换插入点之后的文本。本节将讲解切换插入/改写模式的两种方法。

◎ **原始文件：** 实例文件\第6章\原始文件\插入/改写模式的切换.docx
◎ **最终文件：** 实例文件\第6章\最终文件\插入/改写模式的切换.docx

1．使用状态栏中的指示器

步骤01　单击"改写"选项

打开原始文件，❶用鼠标右键单击状态栏，❷在弹出的快捷菜单中单击"改写"选项，如图 6-37 所示。

步骤02　查看当前输入模式

随后状态栏中会显示输入模式指示器，假设当前为插入模式，如图 6-38 所示。

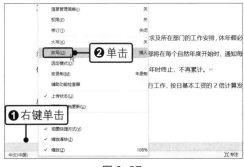

图 6-37

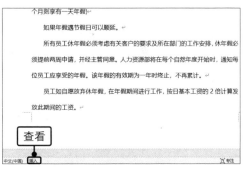

图 6-38

步骤03　单击指示器

❶将插入点定位在文档中，❷单击状态栏中的指示器，如图 6-39 所示。

图 6-39

步骤 04 切换模式并输入文本

❶切换为改写模式，❷输入文本，可以看到插入点之后的文本会被新输入的文本所覆盖，如图 6-40 所示。

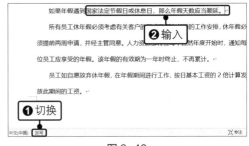

图 6-40

2. 使用键盘上的〈Insert〉键

步骤 01 切换输入模式

❶按〈Insert〉键，切换回插入模式，❷将插入点定位在要插入文本的位置，如图 6-41所示。

图 6-41

步骤 02 输入新的文本

输入文本，可以看到新输入的文本不会覆盖插入点后的文本，如图 6-42 所示。

图 6-42

6.3 设置字体格式

字体格式包含的内容相当广泛，本节将讲解如何对文本的字体、字号、字形、颜色、间距等进行设置。

6.3.1 设置字体、字号和颜色

在文档中输入文本后，可以根据实际需求设置文本的字体、字号和颜色。

◎ **原始文件：**实例文件\第6章\原始文件\设置字体、字号和颜色.docx
◎ **最终文件：**实例文件\第6章\最终文件\设置字体、字号和颜色.docx

步骤 01 设置字体

打开原始文件，选择文档的标题，❶在"开始"选项卡下的"字体"组中单击"字体"右侧的下拉按钮，❷在展开的列表中单击"方正姚体"选项，如图 6-43 所示。

步骤 02 设置字号

❶在"字体"组中单击"字号"右侧的下拉按钮，❷在展开的列表中单击"小二"选项，如图 6-44 所示。

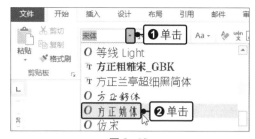

图 6-43

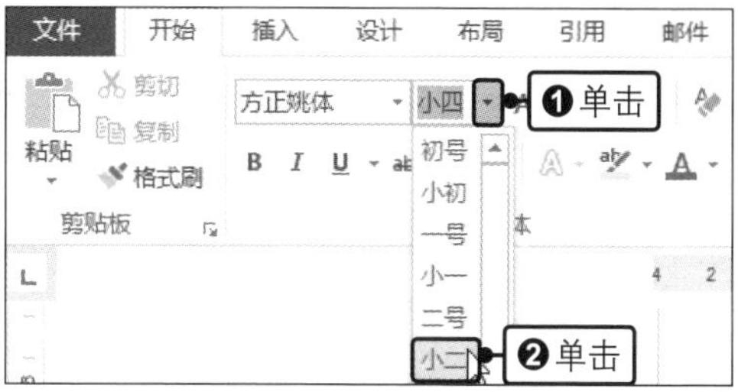

图 6-44

步骤 03　设置颜色

❶在"字体"组中单击"字体颜色"右侧的下拉按钮，❷在展开的颜色库中选择"蓝-灰，文字 2"选项，如图 6-45 所示。

步骤 04　查看设置后的效果

为标题设置了字体、字号和颜色后，标题看起来更美观，并和正文内容区别开来，如图 6-46 所示。

图 6-45

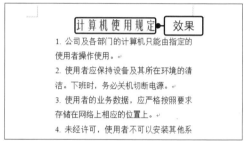

图 6-46

6.3.2　设置字形

为了突出显示文档中的某些文本，可以为这些文本设置不同的字形，如将字体加粗或为字体添加下划线等。

◎　**原始文件：**实例文件\第6章\原始文件\设置字形.docx
◎　**最终文件：**实例文件\第6章\最终文件\设置字形.docx

步骤 01　加粗字体

打开原始文件，❶选择文本"指定的使用者"，❷在"开始"选项卡下的"字体"组中单击"加粗"按钮，如图 6-47 所示。

步骤 02　添加下划线

将字体加粗后，在"字体"组中单击"下划线"按钮，如图 6-48 所示。

图 6-47

图 6-48

步骤 03　查看设置后的效果

为所选文本设置字形后的效果如图 6-49 所示。

提示

选择文本后单击“字体”组中的“以不同颜色突出显示文本”按钮，可以为文本添加底色，让文本更醒目。

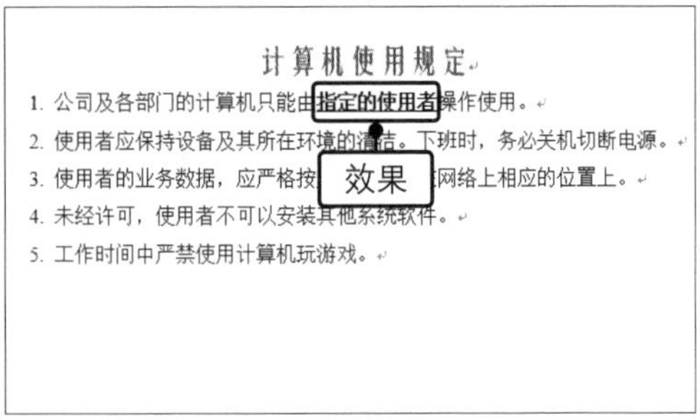

图 6-49

6.3.3　设置字符间距、文本缩放和位置

设置字符间距，可以改变两个字符之间的距离，使文本变得更紧凑或更稀疏；设置文本缩放，可以在保持字符高度不变的同时改变字符的宽度；设置字符的位置，可以让字符在同一行中上升或下降。

◎ **原始文件：** 实例文件\第6章\原始文件\设置字符间距、文本缩放和位置.docx

◎ **最终文件：** 实例文件\第6章\最终文件\设置字符间距、文本缩放和位置.docx

步骤 01　单击对话框启动器

打开原始文件，❶选择文本“切断电源”，❷在“字体”组中单击对话框启动器，如图 6-50 所示。

步骤 02　设置选项

弹出“字体”对话框，❶切换到“高级”选项卡，❷在“字符间距”选项组中设置“缩放”为“150%”、“间距”为“加宽”、“磅值”为“0.5 磅”，❸单击“位置”右侧的下拉按钮，❹在展开的列表中单击“上升”选项，如图 6-51 所示。

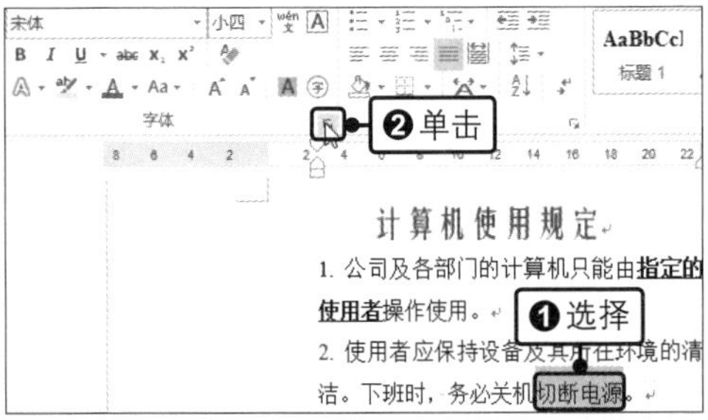

图 6-50

图 6-51

步骤 03　查看设置效果

单击“确定”按钮后，即可看到为所选文本设置字符缩放、间距和位置后的效果，如图 6-52 所示。

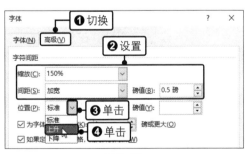

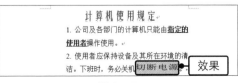

图 6-52

6.4 设置段落格式

　　设置段落格式可以从整体上规范文档的排版效果。设置段落格式包括设置段落的对齐方式、缩进、项目符号和编号等。

6.4.1 设置段落的对齐方式

　　段落的对齐方式分为左对齐、居中对齐、右对齐、两端对齐、分散对齐等，每一种对齐方式都有特定的适用场景，需要根据实际情况进行选择。

◎ **原始文件：**实例文件\第6章\原始文件\设置段落的对齐方式.docx
◎ **最终文件：**实例文件\第6章\最终文件\设置段落的对齐方式.docx

步骤01 选择对齐方式

打开原始文件,❶选择文档的标题,❷在"段落"组中单击"居中"按钮,如图6-54所示。

步骤02 查看设置效果

设置标题为居中对齐后,效果如图6-55所示。

图6-54

图6-55

6.4.2 设置段落的缩进

　　缩进决定了段落到左右页边距的距离，包括左缩进、右缩进、首行缩进、悬挂缩进。左/右缩进是指段落所有行的左/右侧同时缩进。首行缩进是指段落的第一行向右缩进，其余行不缩进。悬挂缩进是指段落的第一行不缩进，其余行向右缩进。合理设置段落缩进可以增强版面的美观度和文档的可读性。本节以首行缩进为例讲解具体操作。

◎ **原始文件：** 实例文件\第6章\原始文件\设置段落的缩进.docx
◎ **最终文件：** 实例文件\第6章\最终文件\设置段落的缩进.docx

步骤 01　打开"段落"对话框

打开原始文件，选中所有的正文段落，在"开始"选项卡下单击"段落"组的对话框启动器，如图6-56所示。

图 6-56

步骤 02　设置段落缩进

弹出"段落"对话框，❶单击"特殊格式"右侧的下拉按钮，❷在展开的列表中单击"首行缩进"选项，如图6-57所示。

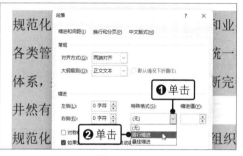

图 6-57

步骤 03　设置段落缩进的效果

"缩进值"会被自动设置为"2字符"。单击"确定"按钮后，可以看见正文中每个段落的首行都向右缩进了两个字符，如图6-58所示。

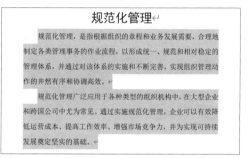

图 6-58

💻 **提示**

在"段落"对话框中可以通过"左侧"和"右侧"选项设置段落的左缩进和右缩进。

6.4.3　为段落应用项目符号

项目符号用于标记和罗列条目，使文档的结构更有条理，内容更清晰易读。常见的项目符号有圆点、圆圈、方块、箭头等，用户也可以自定义项目符号，除了使用文本字符作为项目符号，还可以使用图片作为项目符号。

◎ **原始文件：** 实例文件\第6章\原始文件\为段落应用项目符号.docx
◎ **最终文件：** 实例文件\第6章\最终文件\为段落应用项目符号.docx

步骤 01　定义新项目符号

打开原始文件，选中要应用项目符号的段落，❶在"开始"选项卡下的"段落"组中单击"项目符号"右侧的下拉按钮，❷在展开的列表中单击"定义新项目符号"选项，如图 6-59 所示。

图 6-59

步骤 03　选择符号

弹出"符号"对话框，❶在"字体"下拉列表框中选择合适的字体，❷在下方双击要使用的符号，如图 6-61 所示。

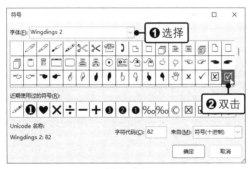

图 6-61

步骤 05　查看应用项目符号的效果

返回文档，可以看到为所选段落应用自定义项目符号的效果，如图 6-63 所示。

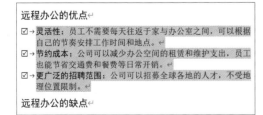

图 6-63

步骤 02　单击"符号"按钮

弹出"定义新项目符号"对话框，单击"项目符号字符"选项组中的"符号"按钮，如图 6-60 所示。如果要使用图片作为项目符号，则单击"图片"按钮。

图 6-60

步骤 04　预览项目符号的效果

返回"定义新项目符号"对话框，在"预览"列表框中可以预览所选项目符号的效果，单击"确定"按钮，如图 6-62 所示。

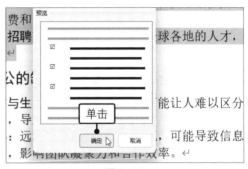

图 6-62

步骤 06　继续应用项目符号

使用相同的方法为其他段落应用项目符号，效果如图 6-64 所示。

图 6-64

6.4.4 为段落应用编号

项目符号无法体现条目的次序，如果需要标识条目的次序，可使用编号。

◎ **原始文件：** 实例文件\第6章\原始文件\为段落应用编号.docx
◎ **最终文件：** 实例文件\第6章\最终文件\为段落应用编号.docx

步骤 01 选择编号格式

打开原始文件，结合运用鼠标和〈Ctrl〉键选择需要应用编号的多个段落，❶在"开始"选项卡的"段落"组中单击"编号"右侧的下拉按钮，❷在展开的列表中选择需要的编号格式，如图 6-65 所示。

步骤 02 查看应用编号的效果

随后可以在文档中看到应用了编号后的段落，文档的层次结构变得更加清晰，如图 6-66 所示。

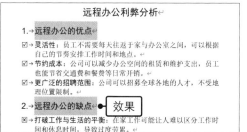

图 6-65　　　　　　　　　　　　图 6-66

> 💻 **提示**
>
> 　　如果对预设的编号格式不满意，可以在"编号"列表中单击"定义新编号格式"选项，打开相应的对话框，对编号的样式、字体格式、对齐方式等进行自定义。

6.4.5 设置首字下沉效果

首字下沉是一种特殊的排版方式，通过放大段落开头的少数几个字符来醒目地提示段落的开始，同时增加装饰性和视觉冲击力。

◎ **原始文件：** 实例文件\第6章\原始文件\设置首字下沉效果.docx
◎ **最终文件：** 实例文件\第6章\最终文件\设置首字下沉效果.docx

步骤 01 单击"首字下沉选项"选项

打开原始文件，❶选择段落的第 1 个字符"至"，❷在"插入"选项卡下的"文本"组中单击"首字下沉"按钮，❸在展开的列表中单击"首字下沉选项"选项，如图 6-67 所示。

步骤 02　设置首字下沉

弹出"首字下沉"对话框，❶在"位置"选项组中单击"下沉"选项，❷在"选项"选项组中设置"字体"为"华文中宋"、"下沉行数"为"2"、"距正文"为"0 厘米"，❸单击"确定"按钮，如图 6-68 所示。

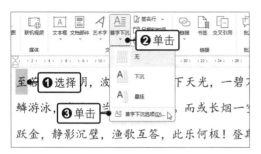

图 6-67

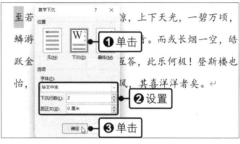

图 6-68

步骤 03　查看首字下沉的效果

随后可以看到所选字符已被突出显示，效果如图 6-69 所示。

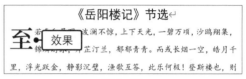

图 6-69

6.4.6　使用格式刷复制和粘贴格式

格式刷可以复制一个对象的格式（如字体、字号、颜色等），并将复制的格式粘贴到另一个对象上。格式刷非常适合用于快速统一文档的格式，如统一同一级标题的字体格式和段落格式，从而大大提高编辑效率。

◎　**原始文件：**实例文件\第6章\原始文件\使用格式刷复制和粘贴格式.docx
◎　**最终文件：**实例文件\第6章\最终文件\使用格式刷复制和粘贴格式.docx

步骤 01　单击"格式刷"按钮

打开原始文件，❶选择要复制格式的文本，❷单击"剪贴板"组中的"格式刷"按钮，如图 6-70 所示。此时鼠标指针会变成刷子形状。

步骤 02　选择要应用相同格式的文本

选择下方需要应用相同格式的文本，如图 6-71 所示。

图 6-70

图 6-71

步骤 03　查看粘贴格式的效果

释放鼠标，完成格式的粘贴，可以看到在所选文本上应用了相同的格式，效果如图 6-72 所示。

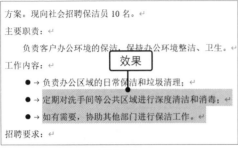

方案。现向社会招聘保洁员 10 名。
主要职责：
负责客户办公环境的保洁，保持办公环境整洁、卫生。
工作内容：
效果
● → 负责办公区域的日常保洁和垃圾清理；
● → 定期对洗手间等公共区域进行深度清洁和消毒；
● → 如有需要，协助其他部门进行保洁工作。
招聘要求：

图 6-72

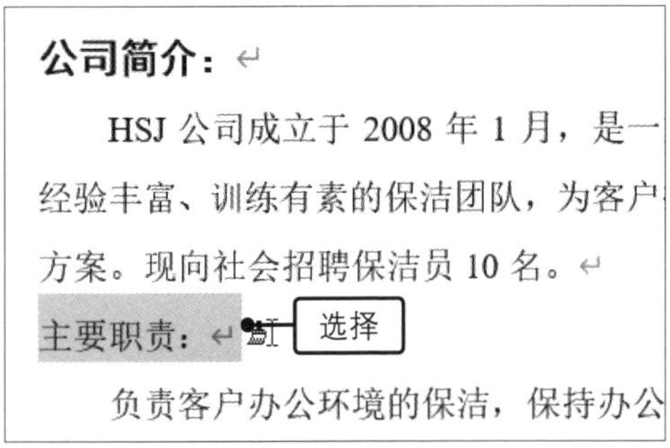

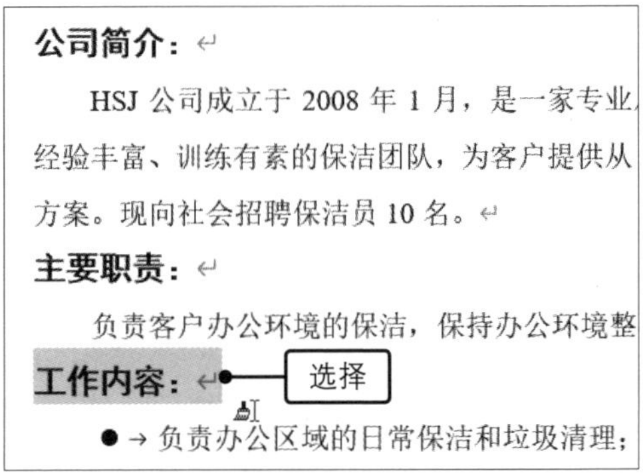

步骤 04　双击“格式刷”按钮

❶选择要复制格式的文本“公司简介：”，❷双击“剪贴板”组中的“格式刷”按钮，如图 6-73 所示，进入连续粘贴模式。

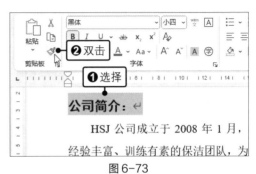

黑体
小四
粘贴
剪贴板
字体
❷双击
❶选择
公司简介：
HSJ 公司成立于 2008 年 1 月，
经验丰富、训练有素的保洁团队，为

图 6-73

步骤 05　选择要应用相同格式的文本

选择需要设置相同格式的文本“主要职责：”，如图 6-74 所示。

公司简介：
HSJ 公司成立于 2008 年 1 月，是一
经验丰富、训练有素的保洁团队，为客户
方案。现向社会招聘保洁员 10 名。
主要职责：
选择
负责客户办公环境的保洁，保持办公

图 6-74

步骤 06　查看粘贴格式的效果

释放鼠标，完成格式的粘贴，可以看到鼠标指针仍为刷子形状，如图 6-75 所示。

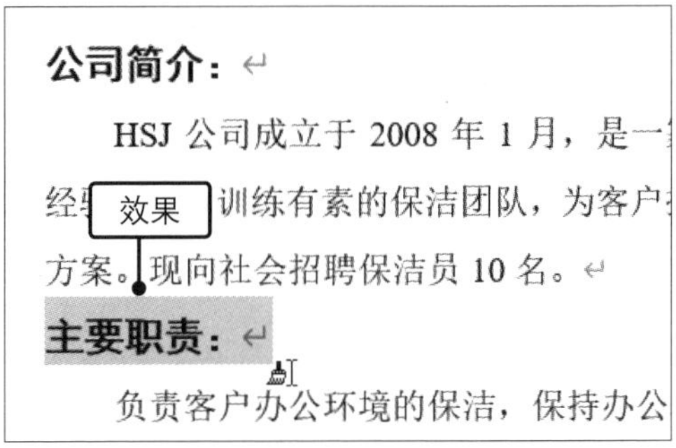

公司简介：
HSJ 公司成立于 2008 年 1 月，是一
效果
训练有素的保洁团队，为客户
方案。现向社会招聘保洁员 10 名。
主要职责：
负责客户办公环境的保洁，保持办公

图 6-75

步骤07　继续粘贴格式

继续选择相同级别的标题文本以粘贴格式，如图 6-76 所示。完成所需的格式粘贴操作后，单击“格式刷”按钮或按〈Esc〉键，可退出连续粘贴模式。

公司简介：
HSJ 公司成立于 2008 年 1 月，是一家专业
经验丰富、训练有素的保洁团队，为客户提供从
方案。现向社会招聘保洁员 10 名。
主要职责：
负责客户办公环境的保洁，保持办公环境整
工作内容：
选择
● → 负责办公区域的日常保洁和垃圾清理；

图 6-76

6.5 设置页面格式

页面格式设置对于控制文档的打印效果和整体外观至关重要，其主要内容包括设置文档的页边距、纸张大小和方向、分栏效果等。

6.5.1 设置页边距

页边距是指文档内容与页面边缘之间的距离，页边距越大，页面四周的空白区域就越多。设置合适的页边距可以确保文档页面看起来更为整洁、美观和舒适，并为打印和装订留出足够的空间。

◎ **原始文件：** 实例文件\第6章\原始文件\设置页边距.docx
◎ **最终文件：** 实例文件\第6章\最终文件\设置页边距.docx

步骤 01 **单击对话框启动器**

打开原始文件，❶切换到"布局"选项卡，❷单击"页面设置"组的对话框启动器，如图 6-77 所示。

步骤 02 **设置页边距**

弹出"页面设置"对话框，在"页边距"选项组下设置上、下、左、右的边距，并设置"装订线"为"2 厘米"、"装订线位置"为"左"，如图 6-78 所示。

图 6-77

图 6-78

步骤 03 **查看设置页边距的效果**

单击"确定"按钮，返回文档，可看到页面的上方和左方预留了更多的空白，更便于装订，如图 6-79 所示。

图 6-79

6.5.2 设置纸张大小和方向

纸张大小和方向是文档布局的基础设置。纸张大小应根据实际使用的打印纸的尺寸来设置。纸张方向分为纵向和横向，应根据文档内容的特点来设置，以更好地展示信息。

◎ **原始文件：** 实例文件\第6章\原始文件\设置纸张大小和方向.docx
◎ **最终文件：** 实例文件\第6章\最终文件\设置纸张大小和方向.docx

步骤 01 **更改纸张大小**

打开原始文件，❶切换到"布局"选项卡，❷单击"页面设置"组中的"纸张大小"按钮，❸在展开的列表中单击"A5"选项，如图6-80所示。

图 6-80

步骤 02 **查看更改纸张大小的效果**

更改了纸张大小后，页面效果如图6-81所示。

图 6-81

步骤 03 **更改纸张的方向**

❶在"页面设置"组中单击"纸张方向"按钮，❷在展开的列表中单击"横向"选项，如图6-82所示。

图 6-82

步骤 04 **查看更改纸张方向的效果**

纸张的方向由纵向变为横向后，每一行能容纳更多的内容，如图6-83所示。

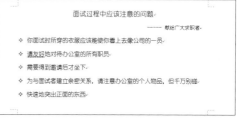

图 6-83

提示

除了使用预设的纸张大小，还可以单击"页面设置"组的对话框启动器，在"页面设置"对话框的"纸张"选项卡下自定义设置纸张的高度和宽度。

6.5.3　设置分栏效果

分栏是指将文档页面划分为两个或更多个垂直列来显示文本。这种效果主要用于创造报纸或杂志样式的布局，可以提高文档的可读性和美观度。

1. 使用预设格式快速分栏

如果想要快速完成分栏，可使用预设的分栏格式。

◎ **原始文件：** 实例文件\第6章\原始文件\使用预设格式快速分栏.docx
◎ **最终文件：** 实例文件\第6章\最终文件\使用预设格式快速分栏.docx

步骤01　选择栏数

打开原始文件，❶切换到"布局"选项卡，❷单击"页面设置"组中的"栏"按钮，❸在展开的列表中单击"两栏"选项，如图 6-84 所示。

步骤02　查看分栏的效果

随后全部文档内容被分成两栏显示，效果如图 6-85 所示。

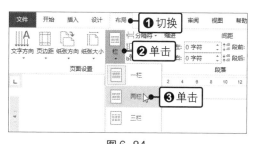

图 6-84

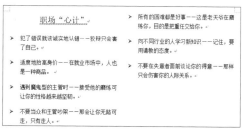

图 6-85

2. 自定义分栏

自定义分栏可以自定义栏的数量，在栏之间设置分隔线，并自定义栏的宽度和间距，比预设分栏格式更灵活。

◎ **原始文件：** 实例文件\第6章\原始文件\自定义分栏.docx
◎ **最终文件：** 实例文件\第6章\最终文件\自定义分栏.docx

步骤01　单击"更多栏"选项

打开原始文件，选中文档的正文内容，❶在"布局"选项卡下的"页面设置"组中单击"栏"按钮，❷在展开的列表中单击"更多栏"选项，如图 6-86 所示。

步骤02　设置分栏

弹出"栏"对话框，❶设置"栏数"为"3"，❷勾选"分隔线"复选框，❸设置"栏"的"宽度"为"9字符"、"间距"为"7.99字符"，如图 6-87 所示，最后单击"确定"按钮。

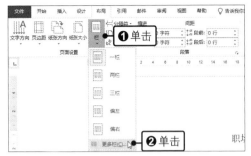

图 6-86

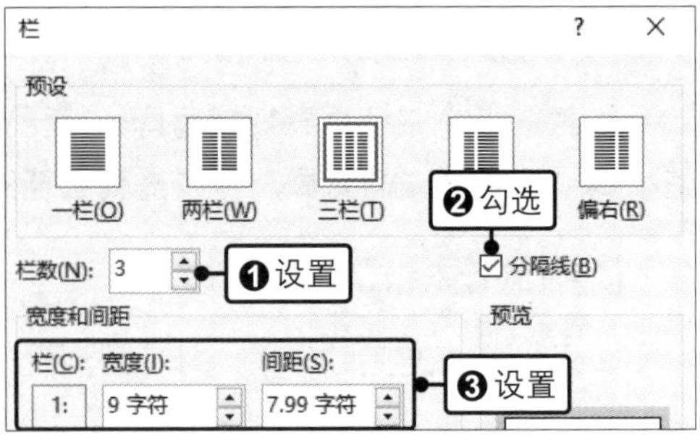

图 6-87

步骤 03 查看自定义分栏的效果

返回文档,可以看到所选内容分三栏显示,且栏与栏之间出现一条分隔线,如图 6-88 所示。

图 6-88

第7章

制作图文并茂的文档

一份仅有文本的文档往往会让人感觉单调乏味，难以产生阅读的兴趣。因此，Word 允许用户在编排文档时应用图片、自选图形、图标等视觉元素来辅助表达信息、丰富文档内容、美化页面效果，制作出图文并茂的高质量文档。

7.1 使用图片装饰文档

在文档中插入的图片可以有多种来源，主要包括本机图片和联机图片。此外，随着 AI 技术的进步，我们还可以利用 AI 绘画工具快速按需生成素材图片。

7.1.1 插入本机图片

本机图片是指存放在当前计算机硬盘中的图片。Word 支持多种图片格式，包括 JPG、PNG、GIF、TIFF、BMP、WMF 等。

◎ **原始文件：** 实例文件\第7章\原始文件\插入本机图片.docx、花.jpg

◎ **最终文件：** 实例文件\第7章\最终文件\插入本机图片.docx

步骤 01　单击"图片"按钮

打开原始文件，将插入点放在适当的位置，❶切换到"插入"选项卡，❷单击"插图"组中的"图片"按钮，如图 7-1 所示。

步骤 02　选择图片

弹出"插入图片"对话框，找到保存图片的位置，❶选中要插入的图片，❷单击"插入"按钮，如图 7-2 所示。

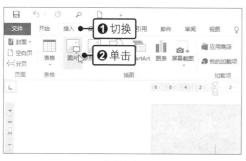

图 7-1

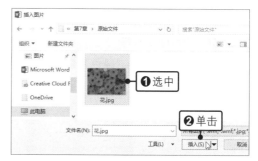

图 7-2

步骤03 查看插入图片的效果

随后可以看到文档中插入了所选图片，如图 7-3 所示。

图 7-3

7.1.2 插入联机图片

联机图片是指存放在互联网上的图片。用户不需要离开 Word 窗口，就能在内置的必应搜索引擎中搜索互联网上的海量图片。

◎ **原始文件：** 实例文件\第7章\原始文件\高尔夫.docx
◎ **最终文件：** 实例文件\第7章\最终文件\高尔夫.docx

步骤01 单击"联机图片"按钮

打开原始文件，将插入点放在适当的位置，❶切换至"插入"选项卡，❷单击"插图"组中的"联机图片"按钮，如图 7-4 所示。

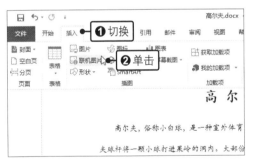

图 7-4

步骤02 输入关键词

弹出"在线图片"对话框，❶在文本框中输入"高尔夫"，❷单击"搜索"按钮，如图 7-5 所示。

图 7-5

步骤03 插入指定图片

待对话框中显示搜索结果后，❶选中满意的图片，❷然后单击"插入"按钮，如图 7-6 所示。

图 7-6

步骤 04 查看插入的图片

稍等片刻，Word 会自动下载图片，并将
其插入文档，效果如图 7-7 所示。

图 7-7

7.1.3 使用 AI 生成图片

根据文档的内容寻找合适的配图是一件难度较大的事情。如今有了 AI 技术的帮助，
我们可以轻松地定制高质量的图片。本节以通义千问和通义万相为例讲解具体操作。

◎ **原始文件：** 实例文件\第7章\原始文件\使用AI生成图片.docx
◎ **最终文件：** 实例文件\第7章\最终文件\使用AI生成图片.docx

步骤 01 上传文档

打开通义千问页面（https://tongyi.aliyun.
com/qianwen/），❶单击"上传"按钮，
❷在展开的菜单中单击"上传文档"选项，
如图 7-8 所示。

步骤 02 选择文档

弹出"打开"对话框，❶选中需要 AI 阅读
的文档，❷单击"打开"按钮，如图 7-9
所示。

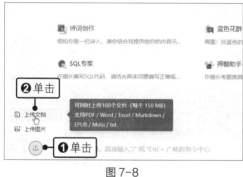

图 7-8

图 7-9

步骤 03 获取配图建议

上传文档后，需要让 AI 根据文档内容提供配图建议，对话过程如下。

🔍 上传的文档是一篇关于"花艺"的文章，请根据文章内容提供一些配图建议。

📋 根据文章内容，以下是几个配图的建议，旨在视觉化呈现花艺的美丽与多样性：
　1. **花艺历史演变图**：展示从古至今花艺艺术的发展脉络。这张图可以采用时间线
　的形式，一端是古代简单的花卉摆放，逐渐过渡到现代复杂的插花艺术和盆景设计，

每个时期选取代表性的花艺作品，体现花艺随时代进步而不断演变的风貌。

2. **花艺技巧展示图**：设计一张包含选材、配色、构图三大核心技巧的示意图。例如，可以展示一位花艺师正在精心挑选花朵，旁边配以色轮说明如何进行色彩搭配，以及一个示意图解构图，展示不同形状和大小的花卉如何组合成一个均衡和谐的作品。

3. **风格对比插图**：创作一幅图，同时展示中式、日式、西式花艺风格。中式可以是大气磅礴的盆景，日式则是精致细腻的插花，西式可以是大胆创新的大花束或现代艺术装置，每种风格旁边附上简短的说明文字，突出各自的特点。

4. **应用实例图集**：
- 家居装饰：温馨客厅一角，一束鲜花置于窗边，光线柔和，营造出舒适氛围。
- 节日庆典：宴会桌上摆放着节日主题的花艺装饰，如圣诞红色与绿色的搭配，洋溢着节日的喜庆。
- 商务活动：会议桌上，一盆高雅的兰花盆栽，象征企业的高洁与专业。

5. **未来趋势概念图**：设想未来花艺可能的发展方向，如结合科技的智能花艺装置、环保可持续的绿色花艺设计，以及与其他艺术形式（如数字艺术、光影艺术）结合的跨界作品。

6. **心灵与自然的桥梁**：一张表现花艺如何连接人心与自然界的图，可以是一双手轻轻托起一束野花，背后是广阔的自然风光，传递出花艺在繁忙生活中给予人们的慰藉与灵感。这些配图建议旨在通过视觉语言诠释文章的核心内容，帮助读者更好地感受花艺的魅力。

步骤 04 单击"创意作画"按钮

打开通义万相页面（https://tongyi.aliyun.com/wanxiang/），单击"创意作画"按钮，如图 7-10 所示。

步骤 05 输入提示词

进入创意作画页面，根据通义千问给出的建议，在文本框中输入提示词，如图 7-11 所示。

图 7-10

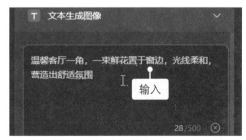

图 7-11

步骤 06 设置长宽比

❶单击选择"16 : 9"长宽比，❷单击"生成创意画作"按钮，如图 7-12 所示。

图 7-12

等待片刻，通义万相会根据输入的提示词生成 4 张不同的图像。将鼠标指针放在满意的图像上，单击"下载"按钮，下载并保存图像，如图 7-13 所示。

图 7-13

步骤 08 在文档中插入 AI 生成的图像

运用 7.1.1 节介绍的方法，将下载的图像插入文档中合适的位置，效果如图 7-14 所示。使用相同的方法可为文档生成更多的配图。

图 7-14

7.2 编辑美化图片

插入文档的图片如果在明暗、颜色、尺寸等方面存在缺陷，还可以对其进行编辑和美化，以获得更理想的版面效果。

7.2.1 调整图片的亮度和对比度

当 Word 文档中的图片看起来比较灰暗时，可以对图片的亮度和对比度进行适当调整，改善图片的视觉效果。

◎ **原始文件：** 实例文件\第7章\原始文件\调整图片的亮度和对比度.docx
◎ **最终文件：** 实例文件\第7章\最终文件\调整图片的亮度和对比度.docx

步骤 01　调整图片的亮度和对比度

打开原始文件，选中图片，切换到"图片工具 - 格式"选项卡，❶单击"调整"组中的"校正"按钮，❷在展开的列表中单击"亮度：+20% 对比度：+20%"选项，如图 7-15 所示。

步骤 02　查看调整效果

随后可以看到图片的颜色变得更加亮丽，效果如图 7-16 所示。

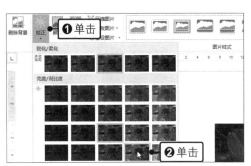

图 7-15

图 7-16

7.2.2　调整图片的颜色

当 Word 文档中插入的图片颜色与文档内容不匹配或与文档的整体展示效果不协调时，可对图片的颜色进行调整。用户可以应用预设的图片着色效果来调整图片颜色，也可以自定义设置图片的颜色。

◎ **原始文件：** 实例文件\第7章\原始文件\调整图片的颜色.docx
◎ **最终文件：** 实例文件\第7章\最终文件\调整图片的颜色.docx

步骤 01　单击"图片颜色选项"选项

打开原始文件，选中图片，❶在"图片工具 - 格式"选项卡下单击"调整"组中的"颜色"按钮，❷在展开的列表中单击"图片颜色选项"选项，如图 7-17 所示。

步骤 02　设置图片颜色

打开"设置图片格式"窗格，❶设置"饱和度"为"400%"、"色温"为"11200"，❷单击"重新着色"按钮，❸在展开的列表中单击"冲蚀"选项，如图 7-18 所示。

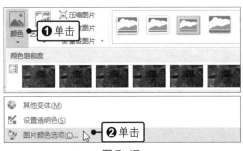

图 7-17

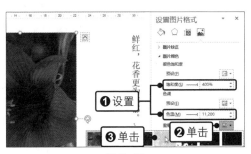

图 7-18

步骤03 查看设置效果

对图片的颜色进行设置后，图片更富有朦胧感，如图 7-19 所示。

图 7-19

7.2.3 删除图片背景

如果图片的背景影响了对主体的突出展示，可将背景删除。

◎ **原始文件：** 实例文件\第7章\原始文件\删除图片背景.docx
◎ **最终文件：** 实例文件\第7章\最终文件\删除图片背景.docx

步骤01 单击"删除背景"按钮

打开原始文件，选中图片，❶切换到"图片工具 - 格式"选项卡，❷单击"调整"组中的"删除背景"按钮，如图 7-20 所示。

图 7-20

步骤02 自动标记背景区域

随后 Word 会自动识别背景区域并标记为紫色，如图 7-21 所示。可以看到识别结果并不准确，需进行手动修改。

图 7-21

步骤03 单击"标记要保留的区域"按钮

在"背景消除"选项卡下的"优化"组中单击"标记要保留的区域"按钮，如图 7-22 所示。

图 7-22

步骤04 手动标记要保留的区域

鼠标指针呈笔形，单击要保留的区域，如图 7-23 所示，将其从背景区域中移除。

图 7-23

步骤05 单击"保留更改"按钮

标记完毕后，单击"关闭"组中的"保留更改"按钮，如图 7-24 所示。

图 7-24

步骤06 查看删除背景的效果

随后可在文档中看到删除背景后的图片，如图 7-25 所示。

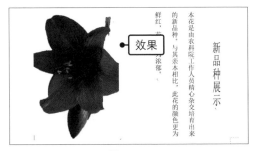

图 7-25

7.2.4 设置图片样式

图片样式是一组预设的设计效果，包括边框、阴影、发光等，可以帮助用户快速美化图片的外观，使图片更好地融入文档的版面设计中。

◎ **原始文件：** 实例文件\第7章\原始文件\设置图片样式.docx
◎ **最终文件：** 实例文件\第7章\最终文件\设置图片样式.docx

步骤01 选择样式

打开原始文件，选中图片，❶切换到"图片工具 - 格式"选项卡，单击"图片样式"组中的快翻按钮，❷在展开的库中选择"剪去对角，白色"样式，如图 7-26 所示。

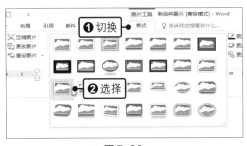

图 7-26

步骤02 查看设置样式的效果

此时图片上添加了一个剪去了对角的白色边框，如图 7-27 所示。

图 7-27

步骤03 更改边框颜色

为了美化边框，可以更改边框的颜色。❶在"图片样式"组中单击"图片边框"按钮，❷在展开的列表中选择图片的边框颜色，如"绿色，个性色 6"，如图 7-28 所示。

步骤04 查看更改边框颜色的效果

更改图片边框颜色的效果如图 7-29 所示。

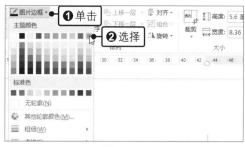

| 图 7-28 | 图 7-29 |

💻 提示

除了应用预设的样式美化图片外，还可以使用"图片样式"组中的图片
边框和图片效果工具自定义图片的边框颜色、线条粗细，以及图片的阴影、
映像、发光、棱台或三维旋转等效果。

7.2.5 裁剪图片

裁剪是一种基本的图像编辑技术，能够起到优化构图、去除杂物、突出主体等作用，
从而显著提升图片的质量和表现力。

◎ **原始文件：** 实例文件\第7章\原始文件\裁剪图片.docx
◎ **最终文件：** 实例文件\第7章\最终文件\裁剪图片.docx

步骤01 **按形状裁剪**

打开原始文件，选中图片，切换到"图片
工具-格式"选项卡，❶单击"大小"组
中的"裁剪"下拉按钮，❷在展开的列表
中选择"裁剪为形状→矩形：剪去对角"
选项，如图7-30所示。

步骤02 **查看按形状裁剪的效果**

随后可以看到所选的图片被裁剪成指定的
形状，如图7-31所示。

| 图 7-30 | 图 7-31 |

步骤03 **按比例裁剪**

若是希望调整纵横比，❶可单击"裁剪"下拉按钮，❷在展开的列表中单击"纵横
比→1∶1"选项，如图7-32所示。

步骤04 进入裁剪状态

此时图片进入裁剪状态，系统自动按 1 ∶ 1 的比例裁剪图片，如图 7-33 所示。也可以拖动裁剪边框，自定义调整裁剪的区域。

图 7-32

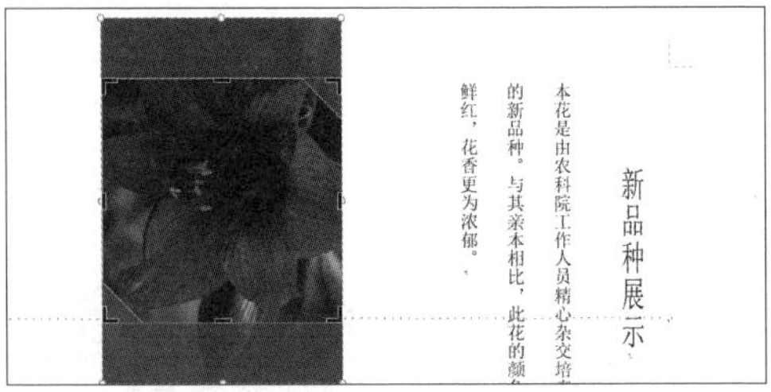

图 7-33

步骤05 查看按比例裁剪的效果

单击图片外的任意位置，完成裁剪，效果如图 7-34 所示。

图 7-34

7.2.6 设置图片环绕方式

图片环绕方式是指文本围绕图片的方式，包括嵌入型、四周型、紧密型、穿越型、上下型、衬于文字下方、浮于文字上方等。用户可以根据图文混排的需要进行选择。

◎ **原始文件：** 实例文件\第7章\原始文件\设置图片环绕方式.docx
◎ **最终文件：** 实例文件\第7章\最终文件\设置图片环绕方式.docx

步骤01 选中要编辑的图片

打开原始文件，选中要编辑的图片，如图 7-35 所示。

步骤02 选择环绕方式

❶单击图片右上角的"布局选项"按钮，❷在展开的列表中单击"紧密型环绕"选项，如图 7-36 所示。

图 7-35

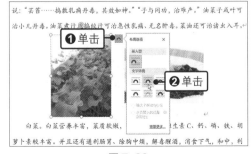

图 7-36

步骤03 移动图片的位置

用鼠标将图片拖动到文档中的适当位置，如图 7-37 所示。使用相同的方法可调整文档中其他图片的环绕方式和位置。

图 7-37

7.3 用自选图形图解文档内容

自选图形是一系列预定义的几何图形对象，可用于创建标志、流程图、装饰边框等视觉元素。

7.3.1 插入自选图形

自选图形的种类非常多，包括线条、基本形状、箭头符号、流程图符号、标注符号等，能够满足基本的示意图绘制需求。

◎ **原始文件：**实例文件\第7章\原始文件\插入自选图形.docx
◎ **最终文件：**实例文件\第7章\最终文件\插入自选图形.docx

步骤01 选择形状

打开原始文件，❶切换到"插入"选项卡，❷单击"插图"组中的"形状"按钮，❸在展开的列表中单击"椭圆"形状，如图 7-38 所示。

步骤02 绘制形状

此时鼠标指针呈十字形，在适当的位置拖动鼠标，绘制一个椭圆形，如图 7-39 所示。

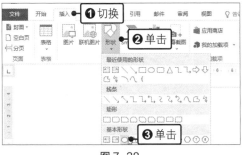

图 7-38

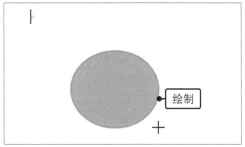

图 7-39

步骤03 查看绘制形状的效果

释放鼠标，文档中就插入了一个默认样式的椭圆形，如图 7-40 所示。

步骤04 **完成所有形状的绘制**

使用同样的方法在文档中的适当位置绘制 6 个大小相同的矩形及 6 个箭头，并调整好图形的位置，效果如图 7-41 所示。

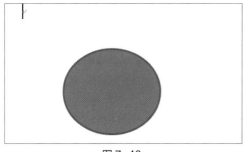

图 7-40

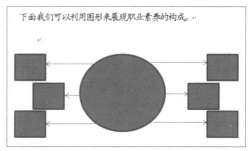

图 7-41

💻 **提示**

为了使文档中的形状有一个独立的空间，可以在"形状"列表中单击"新建画布"选项，在文档中插入一张绘图画布，然后将形状绘制在画布上。这样当拖动画布时，画布上的所有形状会被一起拖动。

7.3.2 更改图形形状

如果自选图形要表达的信息发生了变化，可以对图形形状进行更改，这样就不必重新绘制了。

◎ **原始文件：** 实例文件\第7章\原始文件\更改图形形状.docx
◎ **最终文件：** 实例文件\第7章\最终文件\更改图形形状.docx

步骤01 **更改形状**

打开原始文件，选中右上方的矩形，❶切换到"绘图工具 - 格式"选项卡，❷单击"插入形状"组中的"编辑形状"按钮，❸在展开的列表中单击"更改形状→椭圆"选项，如图 7-42 所示。

步骤02 **查看更改形状的效果**

随后所选矩形会被更改为椭圆形，效果如图 7-43 所示。

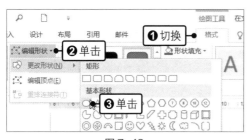

图 7-42

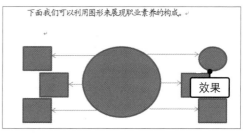

图 7-43

步骤03 完成所有形状的更改

使用相同的方法，将其余矩形更改为椭圆形，效果如图 7-44 所示。

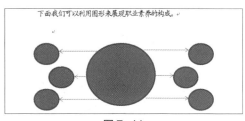

图 7-44

7.3.3　在图形中添加文本

要采用图解形式来表达信息，通常还需要在图形中添加文本。如果图形中的文本显示不全，可以通过更改图形的大小来进行调整。

◎ **原始文件：** 实例文件\第7章\原始文件\在图形中添加文本.docx
◎ **最终文件：** 实例文件\第7章\最终文件\在图形中添加文本.docx

步骤01 添加文本

打开原始文件，❶选中最大的椭圆形，❷输入文本"职业素养"，如图 7-45 所示。

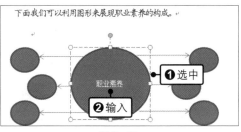

图 7-45

步骤02 选中多个形状

使用相同的方法在其他形状中输入文本。因为 6 个小椭圆形过小，文本不能全部显示，所以按住〈Ctrl〉键同时选中 6 个小椭圆形，如图 7-46 所示。

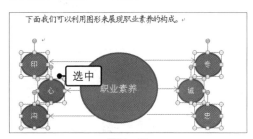

图 7-46

步骤03 改变形状的大小

切换到"绘图工具 - 格式"选项卡，单击"大小"组中的数值调节按钮，调整形状的高度和宽度，如图 7-47 所示。

图 7-47

步骤04 查看改变形状大小的效果

改变了形状的大小后，形状中的文本全部显示了出来，如图 7-48 所示。

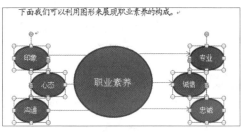

图 7-48

在形状中添加文本的另一种方法是在形状中插入文本框。切换到"绘图工具 – 格式"选项卡，单击"插入形状"组中的"文本框"按钮，在展开的列表中选择合适的文本框类型，拖动鼠标在形状中绘制文本框，然后在文本框中输入文本。此方法的好处是可以将文本放置在形状中的任意位置上。

7.3.4 设置形状样式

形状样式是一组预设的设计效果，包括填充样式、轮廓样式、三维效果等，可以帮助用户快速美化自选图形的外观，使图形更好地融入文档的设计中。

◎ **原始文件：** 实例文件\第7章\原始文件\设置形状样式.docx
◎ **最终文件：** 实例文件\第7章\最终文件\设置形状样式.docx

步骤01 **选择样式**

打开原始文件，选中最大的椭圆形，❶切换到"绘图工具 - 格式"选项卡，单击"形状样式"组中的快翻按钮，❷在展开的库中选择"细微效果 - 橙色，强调颜色 2"选项，如图 7-49 所示。

步骤02 **查看应用样式的效果**

为所选形状应用预设样式后的效果如图 7-50 所示。

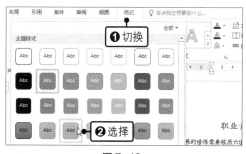

图 7-49

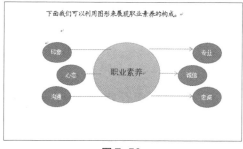

图 7-50

步骤03 **设置填充颜色**

除了使用预设的样式外，还可以自定义形状的样式。同时选中 6 个小椭圆形，❶在"形状样式"组中单击"形状填充"右侧的下拉按钮，❷在展开的列表中选择"浅灰色，背景 2，深色 25%"选项，如图 7-51 所示。

步骤04 **设置边框颜色**

❶在"形状样式"组中单击"形状轮廓"右侧的下拉按钮，❷在展开的列表中选择"白色，背景 1"选项，如图 7-52 所示。

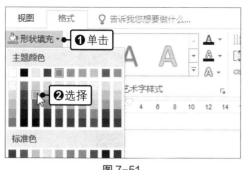

图 7-51

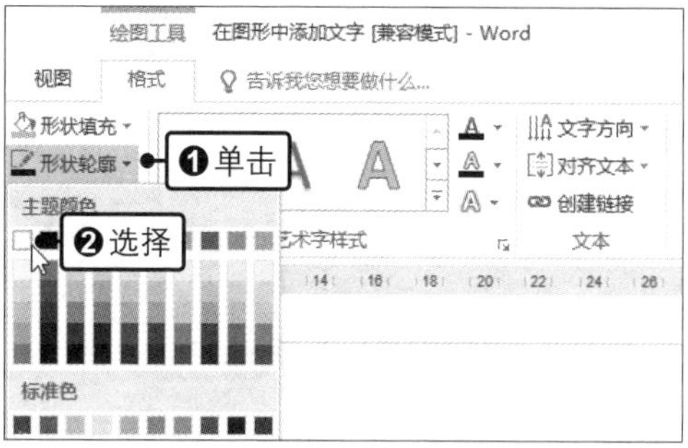

图 7-52

步骤05 设置形状效果

❶在"形状样式"组中单击"形状效果"按钮，❷在展开的列表中选择"预设→预设 4"选项，如图 7-53 所示。

步骤06 查看自定义样式的效果

为 6 个小椭圆形自定义设置样式后的效果如图 7-54 所示。可看到整个图示变得更加美观。

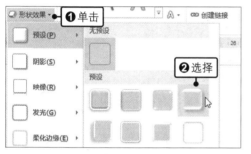

图 7-53

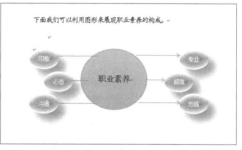

图 7-54

7.4 插入图标

图标是具有指代意义、起标识作用的图形符号，它能高度浓缩并快捷传达信息，且便于记忆、通用性强。在文档中添加合适的图标，可以起到活跃版面、增强文档可读性的作用。Word 拥有丰富的图标库，方便用户快捷地在文档中插入图标。

◎ **原始文件：** 实例文件\第7章\原始文件\插入图标.docx
◎ **最终文件：** 实例文件\第7章\最终文件\插入图标.docx

步骤01 插入图标

打开原始文件，❶将插入点放在要插入图标的位置，❷在"插入"选项卡下的"插图"组中单击"图标"按钮，如图 7-55 所示。

步骤02 选择图标

打开"图像集"对话框，❶在搜索框中输入关键词，如"指纹"，❷在搜索结果中单击要插入的图标，❸单击"插入"按钮，如图 7-56 所示。

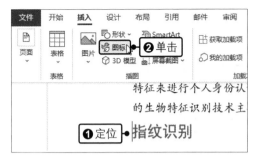

图 7-55

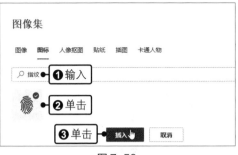

图 7-56

步骤03　设置图标的大小

可看到插入点处插入了一个图标，❶选中该图标，❷在"图形格式"选项卡下的"大小"组中设置图标的高度和宽度，如图7-57所示。

步骤04　设置图标的填充颜色

❶在"图形样式"组中单击"图形填充"按钮，❷在展开的列表中选择合适的颜色，如图7-58所示。

图 7-57

图 7-58

步骤05　继续添加图标

使用相同的方法为其他标题添加图标并设置格式，最终效果如图7-59所示。

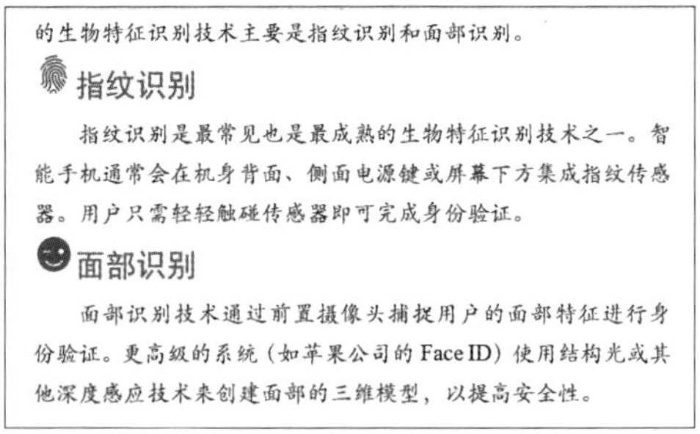

的生物特征识别技术主要是指纹识别和面部识别。

 指纹识别

　　指纹识别是最常见也是最成熟的生物特征识别技术之一。智能手机通常会在机身背面、侧面电源键或屏幕下方集成指纹传感器。用户只需轻轻触碰传感器即可完成身份验证。

 面部识别

　　面部识别技术通过前置摄像头捕捉用户的面部特征进行身份验证。更高级的系统（如苹果公司的Face ID）使用结构光或其他深度感应技术来创建面部的三维模型，以提高安全性。

图 7-59

第 8 章

表格的制作

表格是由行和列组成的矩形结构，具有简明、系统、一目了然的特点，是一种组织和展示数据的强大工具。表格广泛应用于罗列清单、比较项目、显示统计数据等场景。本章将讲解如何在 Word 文档中创建、编辑和美化表格。

8.1 创建表格

要使用表格来组织和展示文档中的数据，首先就需要学会创建表格。在 Word 文档中创建表格的方法有 3 种：利用模板插入表格、利用对话框插入表格、手动绘制表格。

8.1.1 利用模板插入表格

利用模板插入表格是最常用的一种创建表格的方法，但是这种方法最多只能创建 10 列 8 行的表格，因而存在一定的局限性。

◎ **原始文件：**实例文件\第8章\原始文件\利用模板插入表格.docx
◎ **最终文件：**实例文件\第8章\最终文件\利用模板插入表格.docx

步骤01 **选择表格的行列数**

打开原始文件，定位插入点，❶切换到"插入"选项卡，❷单击"表格"组中的"表格"按钮，❸在展开的列表中选择表格的行数和列数，如图 8-1 所示。

步骤02 **查看插入表格的效果**

随后可以看到在文档中插入了一个 5 列 4 行的表格，如图 8-2 所示。

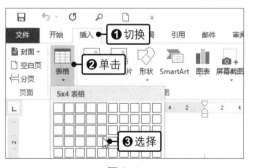

图 8-1

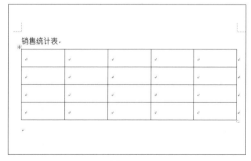

图 8-2

步骤03 在表格中输入文本

根据需要在表格中输入文本，如图 8-3 所示。

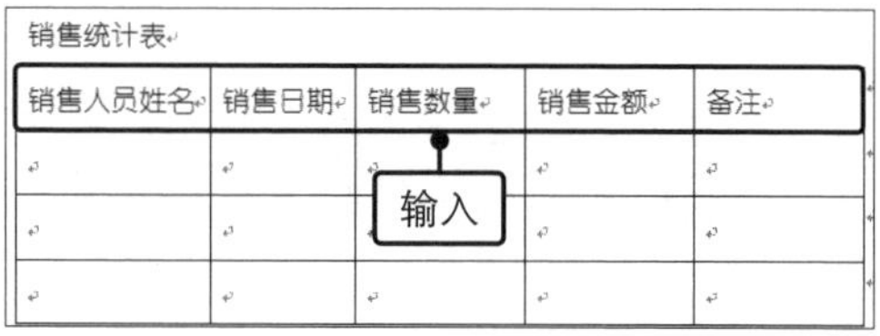

销售统计表				
销售人员姓名	销售日期	销售数量	销售金额	备注
		输入		

图 8-3

8.1.2 利用对话框插入表格

如果需要插入的表格行数或列数较多，超过了模板的上限，可以借助"插入表格"对话框插入表格。

◎ **原始文件：**实例文件\第8章\原始文件\利用对话框插入表格.docx
◎ **最终文件：**实例文件\第8章\最终文件\利用对话框插入表格.docx

步骤01 单击"插入表格"选项

打开原始文件，定位插入点，❶切换到"插入"选项卡，❷单击"表格"组中的"表格"按钮，❸在展开的列表中单击"插入表格"选项，如图 8-4 所示。

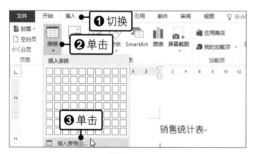

图 8-4

步骤02 设置表格的行列数

弹出"插入表格"对话框，❶在"表格尺寸"选项组中设置"列数"为"11"、"行数"为"5"，❷单击"根据内容调整表格"单选按钮，如图 8-5 所示，单击"确定"按钮。

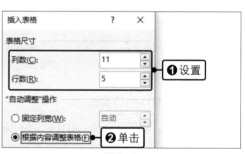

图 8-5

步骤03 查看插入表格的效果

随后可以看到插入的 11 列 5 行的表格，如图 8-6 所示。

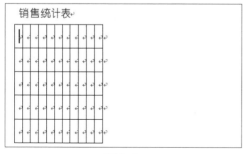

图 8-6

步骤04 在表格中输入文本

在表格中输入文本，单元格的大小将自动与文本的长度相匹配，如图 8-7 所示。

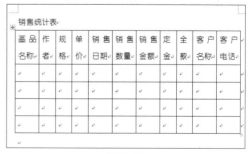

销售统计表										
画品名称	作者	规格	单价	销售日期	销售数量	销售金额	定金	全款	客户名称	客户电话

图 8-7

8.1.3 手动绘制表格

手动绘制表格适合创建不规则或非标准布局的表格，可以根据自己的需求设置单元格的数量和大小，如合并某些单元格并保持其他单元格的独立。

◎ **原始文件：** 实例文件\第8章\原始文件\手动绘制表格.docx
◎ **最终文件：** 实例文件\第8章\最终文件\手动绘制表格.docx

步骤01 单击"绘制表格"选项

打开原始文件，❶单击"表格"组中的"表格"按钮，❷在展开的列表中单击"绘制表格"选项，如图8-8所示。

图 8-8

步骤02 绘制表格的外框

此时鼠标指针呈铅笔形，将鼠标指针指向需要插入表格的位置，按住鼠标左键并拖动，绘制表格的外框，如图8-9所示。

图 8-9

步骤03 绘制表格的行和列

释放鼠标后，成功绘制一个外框。继续在外框中拖动鼠标，绘制表格的行线和列线。绘制完成的表格如图8-10所示。

图 8-10

步骤04 在表格中输入文本

按〈Esc〉键结束绘制，鼠标指针变为I形，表示可以编辑文本。在表格中输入文本，如图8-11所示。

图 8-11

🖥 **提示**

在"表格"列表中单击"Excel电子表格"选项，将在文档中插入一个Excel工作表并自动进入编辑状态。在单元格中输入内容，完成表格的制作后，单击文档中的任意位置，即可退出编辑状态。双击表格可再次进入编辑状态。

8.2 编辑表格

表格的常用编辑操作包括调整单元格的大小、合并与拆分单元格、插入与删除单元格、设置表格内容的对齐方式与方向等。

8.2.1 调整单元格大小

为了确保单元格能恰当地容纳文本内容，使表格看起来更加均衡和美观，可以对单元格的大小进行调整。

◎ **原始文件：** 实例文件\第8章\原始文件\调整单元格大小.docx
◎ **最终文件：** 实例文件\第8章\最终文件\调整单元格大小.docx

步骤01　选择单元格

打开原始文件，将鼠标指针指向第一个单元格的左侧边框，当鼠标指针呈实心箭头形时单击鼠标左键，选中该单元格，如图8-12所示。

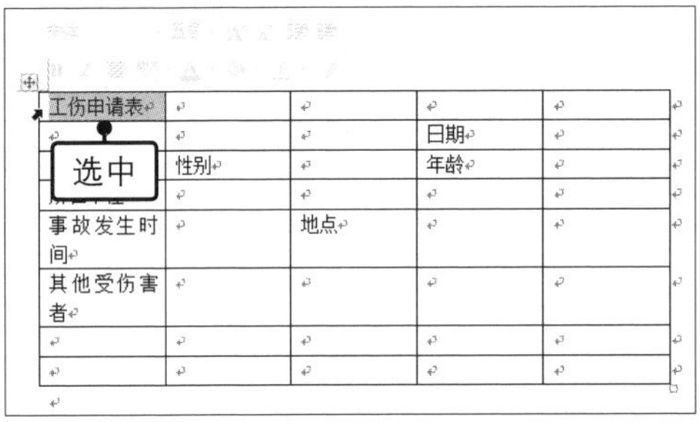

步骤02　调整单元格的高度

❶切换到"表格工具 - 布局"选项卡，❷在"单元格大小"组中调整"高度"为"1厘米"，如图8-13所示。

图 8-12

图 8-13

步骤03　选择整列单元格

选中第一个单元格后不松开鼠标，继续向下拖动，选中整列单元格，如图8-14所示。

步骤04　调整整列单元格的宽度

在"单元格大小"组中调整"宽度"为"3厘米"，如图8-15所示。

图 8-14

图 8-15

步骤05　查看调整单元格大小的效果

在文档中可以看到调整单元格大小的效果，如图 8-16 所示。

图 8-16

🖥 提示

　　如果要选择不连续的单元格或行／列，可以先选择一个目标，然后按住〈Ctrl〉键不放，再选择其他目标。

8.2.2　合并与拆分单元格

　　合并单元格是指将多个单元格合并为一个单元格，拆分单元格是指把一个单元格拆分为两个或多个单元格。

◎ **原始文件：**实例文件\第8章\原始文件\合并与拆分单元格.docx
◎ **最终文件：**实例文件\第8章\最终文件\合并与拆分单元格.docx

步骤01　合并单元格

打开原始文件，❶选中标题行单元格，❷切换到"表格工具 - 布局"选项卡，❸在"合并"组中单击"合并单元格"按钮，如图 8-17 所示。

步骤02　查看合并单元格的效果

此时标题行被合并成一个单元格，使用相同的方法合并表格中的其他单元格。选中需要拆分的单元格，如图 8-18 所示。

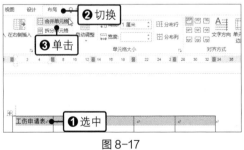

图 8-17

图 8-18

步骤03　拆分单元格

在"合并"组中单击"拆分单元格"按钮，如图 8-19 所示。

步骤04　设置拆分选项

弹出"拆分单元格"对话框，❶设置"列数"为"8"、"行数"为"1"，❷单击"确定"按钮，如图 8-20 所示。

图 8-19

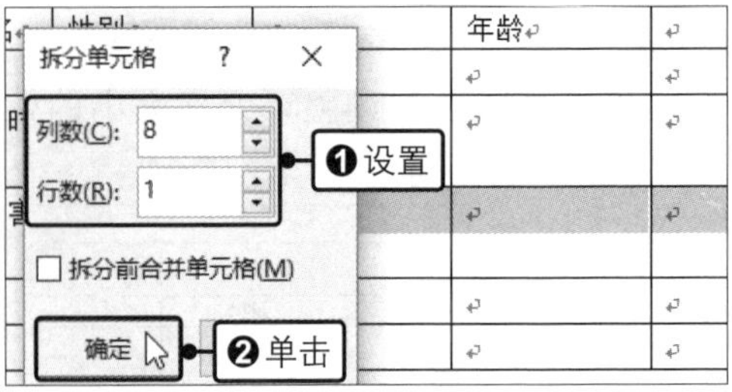

图 8-20

步骤05 查看拆分单元格的效果

此时所选单元格被拆分成 8 个大小一样的单元格，其行数不变，列数变成 8 列，如图 8-21 所示。

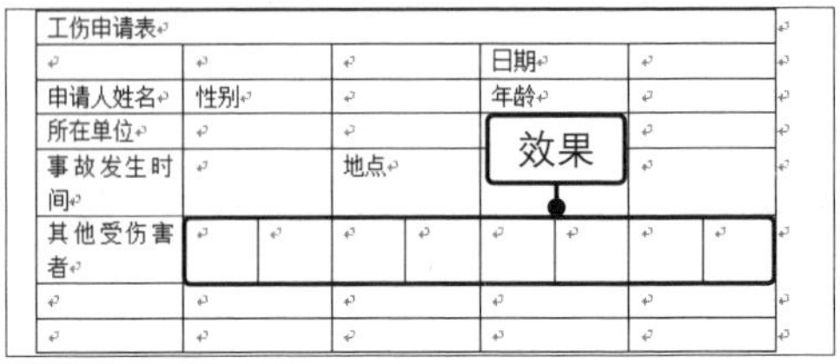

图 8-21

8.2.3 插入与删除单元格

当表格中的单元格数量不够或过多时，可以插入或删除相应的单元格。

◎ **原始文件：** 实例文件\第8章\原始文件\插入与删除单元格.docx
◎ **最终文件：** 实例文件\第8章\最终文件\插入与删除单元格.docx

步骤01 插入单元格

打开原始文件，❶用鼠标右键单击"性别"单元格，❷在弹出的快捷菜单中单击"插入→插入单元格"命令，如图 8-22 所示。

步骤02 选择插入方式

弹出"插入单元格"对话框，❶单击"活动单元格右移"单选按钮，❷单击"确定"按钮，如图 8-23 所示。

图 8-22

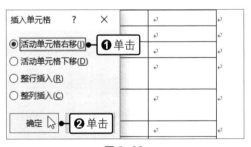

图 8-23

步骤03 查看插入单元格的效果

此时在"性别"单元格的左侧插入了一个单元格，其他单元格自动右移，如图 8-24 所示。

步骤04 删除单元格

为了保证表格的美观性，❶用鼠标右键单击表格右侧突出的单元格，❷在弹出的快捷菜单中单击"删除单元格"命令，如图 8-25 所示。

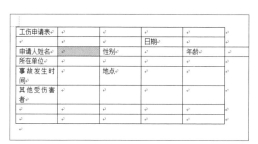

图 8-24

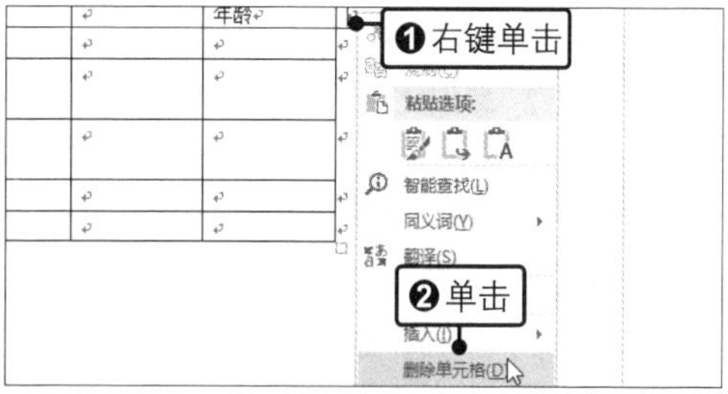

图 8-25

步骤05 **选择删除方式**

弹出"删除单元格"对话框，❶单击"右侧单元格左移"单选按钮，❷单击"确定"按钮，如图 8-26 所示。

步骤06 **查看删除单元格的效果**

此时右侧突出的单元格被删除。选中表格中的最后两行空白单元格，如图 8-27 所示。

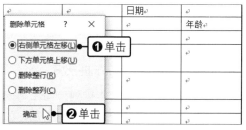

图 8-26

图 8-27

步骤07 **删除行**

切换到"表格工具 - 布局"选项卡，❶单击"行和列"组中的"删除"按钮，❷在展开的列表中单击"删除行"选项，如图 8-28 所示。

步骤08 **查看删除行的效果**

此时所选的空白行被删除，如图 8-29 所示。

图 8-28

图 8-29

8.2.4 设置表格内容的对齐方式与方向

表格中的文本默认在单元格中靠左对齐，方向通常是横向排列。为了满足排版的需要，可以适当地调整文本在单元格中的对齐方式和排列方向。

◎ **原始文件：** 实例文件\第8章\原始文件\设置表格内容的对齐方式与方向.docx
◎ **最终文件：** 实例文件\第8章\最终文件\设置表格内容的对齐方式与方向.docx

步骤01　选择对齐方式

打开原始文件，❶选中整个表格，❷在"表格工具 - 布局"选项卡下的"对齐方式"组中单击"水平居中"按钮，如图 8-30 所示。

图 8-30

步骤02　查看设置水平居中对齐的效果

此时表格中的文本都在相应单元格中处于水平居中的位置，如图 8-31 所示。

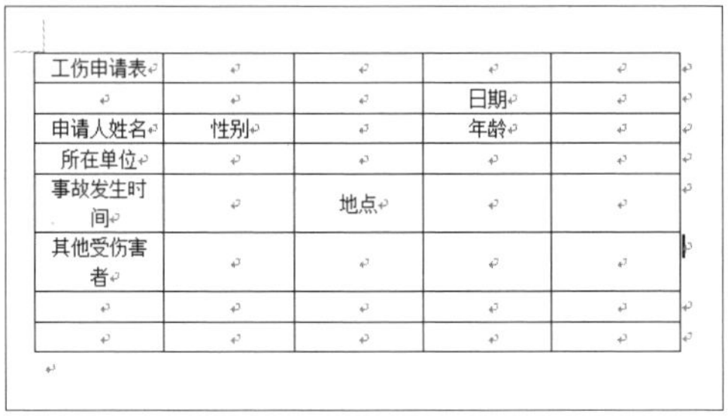

图 8-31

步骤03　改变文字方向

将插入点置于"地点"单元格，在"对齐方式"组中单击"文字方向"按钮，如图 8-32 所示。

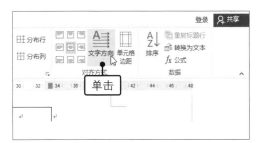

图 8-32

步骤04　查看设置文字方向的效果

可以看到单元格内的文本排列方向由横向变为纵向，单元格的行高也相应增加，如图 8-33 所示。

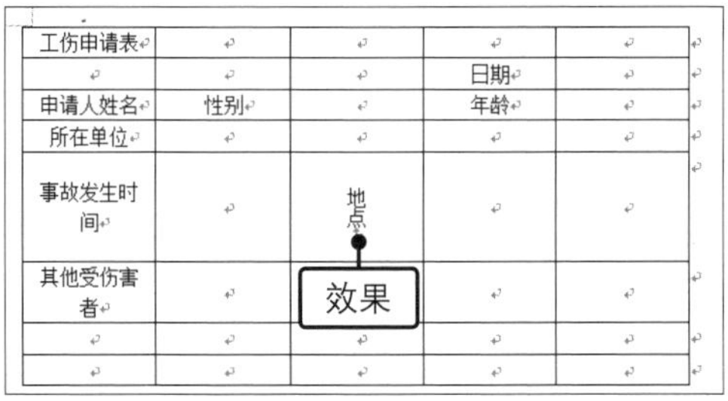

图 8-33

8.3 → 美化表格

　　制作和设置好表格的基本布局后，可以根据需要对表格进行一定程度的美化，使表格更加美观。

8.3.1　套用表格样式

　　表格样式是一套预先定义好的设计效果，包括边框效果、底纹效果、字体效果等，能够帮助用户快速制作出既美观又专业的表格。

◎ **原始文件：** 实例文件\第8章\原始文件\套用表格样式.docx
◎ **最终文件：** 实例文件\第8章\最终文件\套用表格样式.docx

步骤01　选择表格样式

打开原始文件，选中表格，❶切换到“表格工具 - 设计”选项卡，单击“表格样式”组中的快翻按钮，❷在展开的库中选择“网格表 2- 着色 4”样式，如图 8-34 所示。

图 8-34

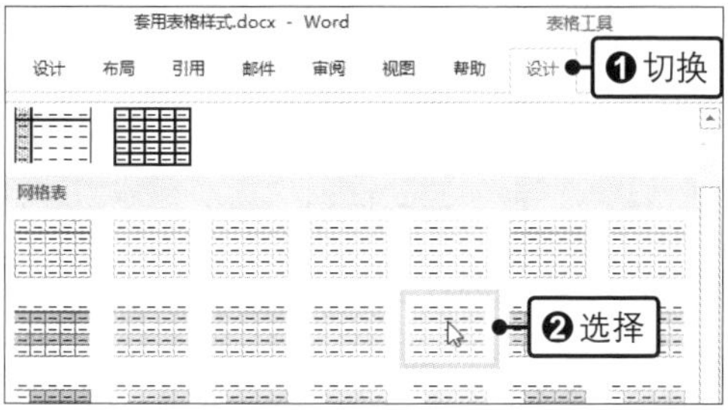

步骤02　查看套用表格样式的效果

随后可以看到为表格套用所选样式的效果，如图 8-35 所示。

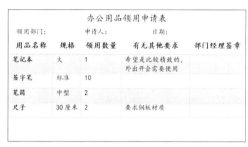

办公用品领用申请表

领用部门：　　申请人：　　日期：

用品名称	规格	领用数量	有无其他要求	部门经理签章
笔记本	大	1	希望是比较精致的，外出开会需要使用	
签字笔	标准	10		
笔筒	中型	2		
尺子	30 厘米	2	要求钢板材质	

图 8-35

8.3.2　设置边框和底纹的格式

表格的边框格式包括线条样式、颜色和粗细等选项，底纹格式则主要是指单元格的填充颜色。

◎ **原始文件：** 实例文件\第8章\原始文件\设置边框和底纹的格式.docx
◎ **最终文件：** 实例文件\第8章\最终文件\设置边框和底纹的格式.docx

步骤01　选择线条样式

打开原始文件，将插入点放在表格中的任意位置，切换到“表格工具 - 设计”选项卡，❶单击“边框”组中“笔样式”右侧的下拉按钮，❷在展开的样式库中选择合适的线条样式，如图 8-36 所示。

图 8-36

步骤02　选择笔颜色

❶在“边框”组中单击“笔颜色”下拉按钮，❷在展开的颜色库中选择“红色”，如图 8-37 所示。

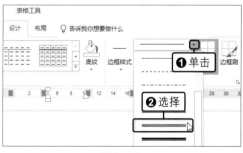

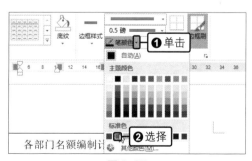

图 8-37

步骤03　绘制边框

选择好线条样式和颜色后，可以看到鼠标指针呈画笔形，单击要设置边框格式的表格线，如图 8-38 所示。

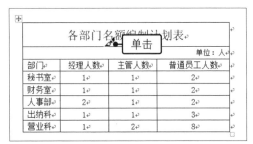

各部门名额编制计划表

单位：人

部门	经理人数	主管人数	普通员工人数
秘书室	1	1	2
财务室	1	1	2
人事部	2	1	2
出纳科	1	1	3
营业科	1	2	8

图 8-38

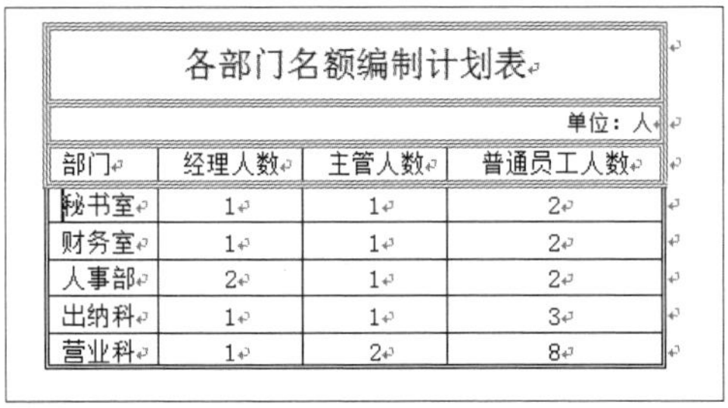

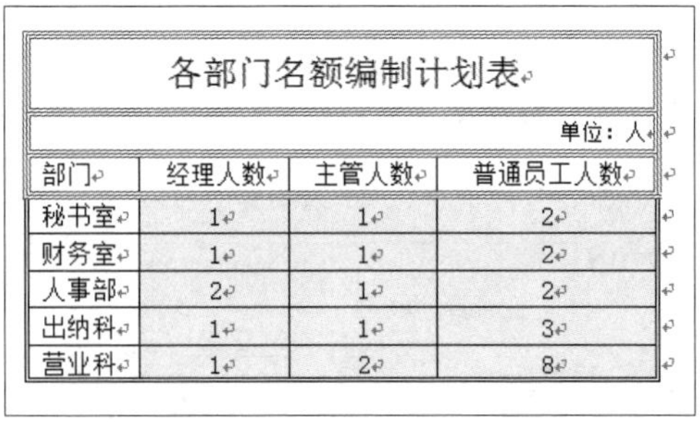

步骤04　查看绘制边框的效果

释放鼠标后即绘制出一条所选线条样式和颜色的边框，如图 8-39 所示。

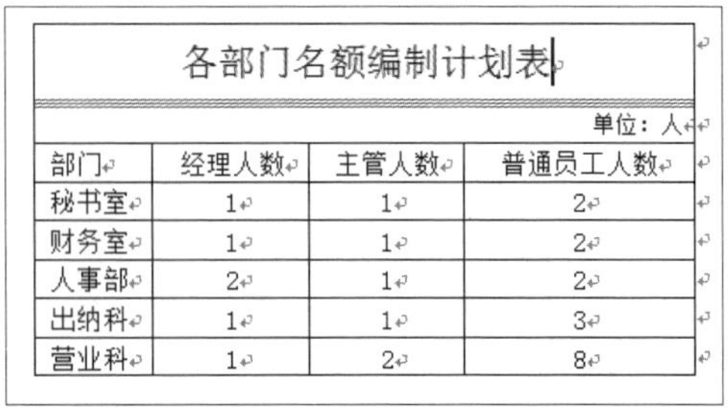

各部门名额编制计划表

单位：人

部门	经理人数	主管人数	普通员工人数
秘书室	1	1	2
财务室	1	1	2
人事部	2	1	2
出纳科	1	1	3
营业科	1	2	8

图 8-39

步骤05　绘制完所有边框

使用相同的方法给表格绘制不同的边框，效果如图 8-40 所示。

各部门名额编制计划表

单位：人

部门	经理人数	主管人数	普通员工人数
秘书室	1	1	2
财务室	1	1	2
人事部	2	1	2
出纳科	1	1	3
营业科	1	2	8

图 8-40

步骤06　选择底纹颜色

选中要添加底纹的单元格区域，❶在“表格样式”组中单击“底纹”下拉按钮，❷在展开的颜色库中选择“橙色，个性色 6，淡色 80%”，如图 8-41 所示。

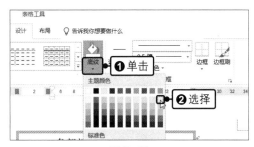

图 8-41

步骤07　查看添加底纹后的效果

此时为所选单元格区域添加了底纹，将标题和内容区分开来，如图 8-42 所示。

各部门名额编制计划表

单位：人

部门	经理人数	主管人数	普通员工人数
秘书室	1	1	2
财务室	1	1	2
人事部	2	1	2
出纳科	1	1	3
营业科	1	2	8

图 8-42

第9章

Excel 的基本操作

Excel 创建的文件称为工作簿，工作簿由工作表组成，工作表则由单元格组成，因此，Excel 的主要操作对象是工作表和单元格。本章将讲解工作表和单元格的基本操作，以及在单元格中输入数据并设置单元格格式的方法。

9.1 工作表基本操作

工作表是存储和管理各种数据信息的场所，其基本操作包括插入与删除工作表、重命名工作表、移动和复制工作表等。

9.1.1 插入与删除工作表

当需要为不同的工作任务或数据集创建独立的存储空间时，可以插入新的工作表。如果有一些不再需要的工作表，可以将其删除，让工作簿更简洁，并节省存储空间。

◎ **原始文件:** 实例文件\第9章\原始文件\插入与删除工作表.xlsx
◎ **最终文件:** 实例文件\第9章\最终文件\插入与删除工作表.xlsx

步骤01 创建新工作表

打开原始文件，❶切换至"话费报销明细"工作表，❷单击"新工作表"按钮，如图9-1所示。

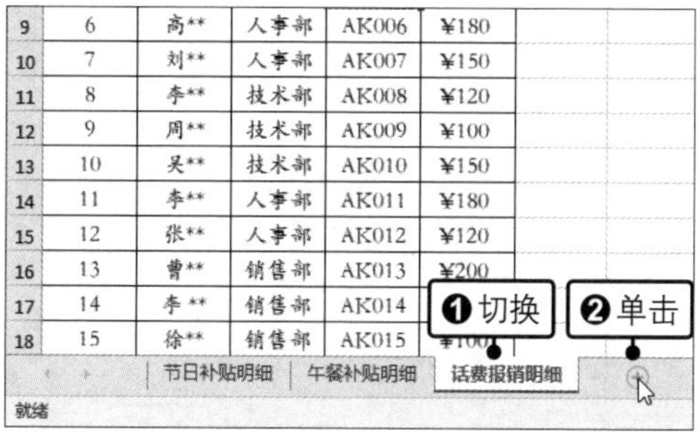

步骤02 编辑新工作表

随后 Excel 会在"话费报销明细"工作表后新建一个"Sheet 1"工作表，在新工作表中输入节日补贴和午餐补贴的数据，如图9-2所示。

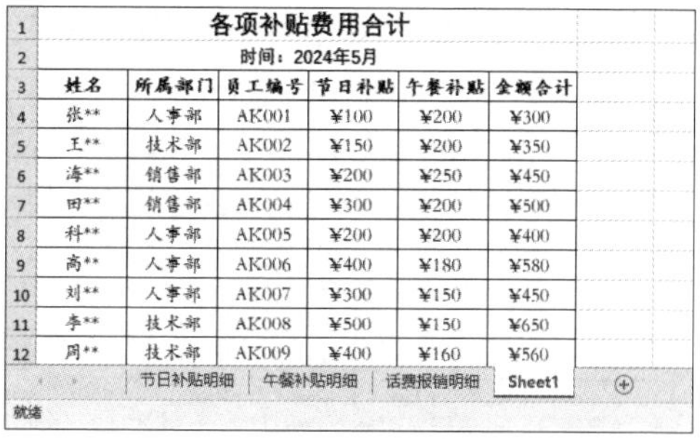

图 9-1

图 9-2

步骤03 单击"删除"命令

❶按住〈Ctrl〉键选中工作表"节日补贴明细"和"午餐补贴明细",然后单击鼠标右键,❷在弹出的快捷菜单中单击"删除"命令,如图 9-3 所示。

图 9-3

步骤05 查看删除工作表的效果

随后所选工作表标签就消失不见了,如图 9-5 所示。

步骤04 确定删除

弹出提示框,询问用户是否永久删除此工作表,如果确定删除,则单击"删除"按钮,如图 9-4 所示。

图 9-4

4	1	张**	人事部	AK001	¥150
5	2	王**	技术部	AK002	¥100
6	3	海**	销售部	AK003	¥120
7	4	田**	销售部	AK004	¥250
8	5	科**	人事部	AK005	¥200
9	6	高**	人事部	AK006	¥180
10	7	刘**	人事部	AK007	¥150
11	8	李**	技术部	AK008	¥120

话费报销明细　Sheet1　⊕

图 9-5

9.1.2 重命名工作表

工作表名称默认为"Sheet×"的格式,为了便于快速了解工作表的内容,可重命名工作表。

◎ **原始文件:** 实例文件\第9章\原始文件\重命名工作表.xlsx
◎ **最终文件:** 实例文件\第9章\最终文件\重命名工作表.xlsx

步骤01 双击工作表标签

打开原始文件,双击工作表标签"Sheet1",进入编辑状态,如图 9-6 所示。

5	王**	技术部	AK002	¥150	¥200	¥350
6	海**	销售部	AK003	¥200	¥250	¥450
7	田**	销售部	AK004	¥300	¥200	¥500
8	科**	人事部	AK005	¥200	¥200	¥400
9	高**	人事部	AK006	¥400	¥180	¥580
10	刘**	人事部	AK007	¥300	¥150	¥450
11	李**	技术部	AK008	¥500	¥150	¥650

话费报销明细　**Sheet1**　双击
就绪

图 9-6

步骤02 输入新工作表名称

输入新的名称,如"补贴费用合计",按〈Enter〉键确认,如图 9-7 所示。

5	王**	技术部	AK002	¥150	¥200	¥350
6	海**	销售部	AK003	¥200	¥250	¥450
7	田**	销售部	AK004	¥300	¥200	¥500
8	科**	人事部	AK005	¥200	¥200	¥400
9	高**	人事部	AK006	¥400	¥180	¥580
10	刘**	人事部	AK007	¥300	¥150	¥450
11	李**	技术部	AK008	¥500	¥150	¥650

话费报销明细　补贴费用合计　输入
就绪

图 9-7

9.1.3 移动和复制工作表

移动和复制工作表既可以在同一工作簿中进行，也可以在两个工作簿之间进行。在同一工作簿中移动工作表，相当于改变工作表标签的排列顺序；在两个工作簿之间移动工作表，则会改变工作表的存储位置。至于复制工作表，则通常是为了创建备份，或者快速制作出格式相同、内容不同的工作表。本节以在同一工作簿中复制工作表为例讲解具体操作。

◎ **原始文件：** 实例文件\第9章\原始文件\移动和复制工作表.xlsx
◎ **最终文件：** 实例文件\第9章\最终文件\移动和复制工作表.xlsx

步骤01 移动或复制工作表

打开原始文件，❶用鼠标右键单击"话费报销明细"工作表标签，❷在弹出的快捷菜单中单击"移动或复制"命令，如图9-8所示。

步骤02 选择目标位置

弹出"移动或复制工作表"对话框，在"下列选定工作表之前"列表框中选择目标位置，❶这里单击"（移至最后）"选项，❷勾选"建立副本"复选框，如图9-9所示。

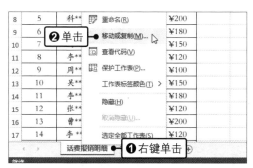

图 9-8

图 9-9

步骤03 查看复制工作表的效果

单击"确定"按钮后，工作表被复制，并以"话费报销明细（2）"命名，如图9-10所示。

步骤04 编辑复制的工作表

将复制后的工作表重命名为"出差费用报销明细"，并相应修改工作表内容，如图9-11所示。

3	序号	姓名	所属部门	员工编号	话费
4	1	张**	人事部	AK001	¥150
5	2	王**	技术部	AK002	¥100
6	3	海**	销售部	AK003	¥120
7	4	田**	销售部	AK004	¥250
8	5	科**	人事部	AK005	¥200
9	6	高**	人事部	AK006	¥180
10	7	刘**	人事部	AK007	¥150
11	8	李**	技术部	AK008	¥120

话费报销明细　补贴费用合计　话费报销明细 (2)

图 9-10

	A	B	C	D	E
1			出差费用报销明细		
2			时间：2024年5月		
3	序号	姓名	所属部门	员工编号	出差费用
4	1	王**	技术部	AK002	¥1,000
5	2	海**	销售部	AK003	¥1,200
6	3	田**	销售部	AK004	¥2,500
7	4	李**	技术部	AK008	¥1,200
8	5	周**	技术部	AK009	¥1,000
9	6	吴**	技术部	AK010	¥1,500
10	7	曹**	销售部	AK013	¥2,000
11	8	李**	销售部	AK014	¥1,200

话费报销明细　补贴费用合计　出差费用报销明细

图 9-11

📺 提示

　　若要在两个工作簿之间复制工作表，则需同时打开两个工作簿，并在"移动或复制工作表"对话框中的"将选定工作表移至工作簿"下拉列表框中选择目标工作簿。若要移动工作表，可以直接用鼠标将工作表标签拖动至目标位置，或者在"移动或复制工作表"对话框中不勾选"建立副本"复选框。

9.1.4　更改工作表标签颜色

为了突出显示某个工作表标签，可更改工作表标签的颜色。

◎ **原始文件：** 实例文件\第9章\原始文件\更改工作表标签颜色.xlsx
◎ **最终文件：** 实例文件\第9章\最终文件\更改工作表标签颜色.xlsx

步骤01　**选择工作表标签颜色**

打开原始文件，❶用鼠标右键单击要更改颜色的工作表标签，如"补贴费用合计"，❷在弹出的快捷菜单中单击"工作表标签颜色→红色"命令，如图9-12所示。

步骤02　**查看更改颜色的效果**

随后工作表标签的颜色会变为红色，如图9-13所示。

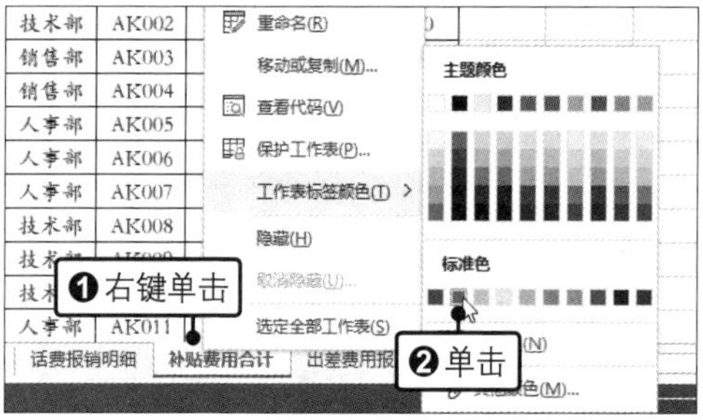

图9-12

图9-13

9.2 单元格的基本操作

　　工作表中每个行、列交叉就形成一个单元格，它是存放数据的最小单位。本节将讲解单元格的基本操作，包括选择单元格、调整单元格的大小、插入与删除单元格、合并单元格等。

9.2.1　选择单元格

　　选择单元格是进行单元格相关操作的基础。无论是调整单元格的大小、合并单元格，还是进行数据的输入、编辑、格式化，都需要先选择目标单元格或单元格区域。

◎ **原始文件：** 实例文件\第9章\原始文件\选择单元格.xlsx
◎ **最终文件：** 无

步骤01 选择单个单元格

打开原始文件，单击单个单元格，如单元格 B3，该单元格即被选中，其边框变为粗线，编辑栏中还显示了该单元格中的内容，如图 9-14 所示。

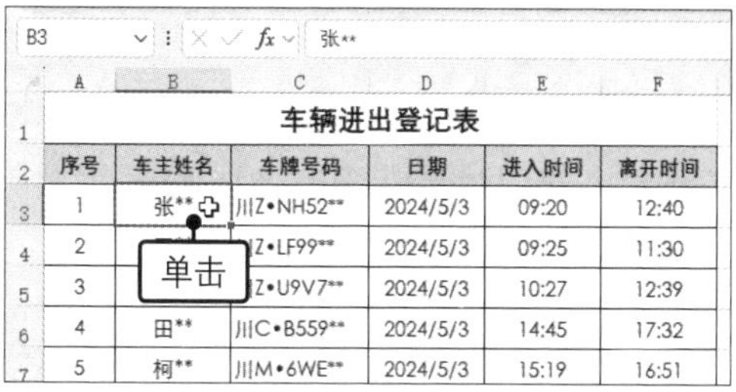

步骤02 选择单元格区域

在某个单元格上按住鼠标左键不放并拖动鼠标，即可选择连续单元格组成的单元格区域，如图 9-15 所示。

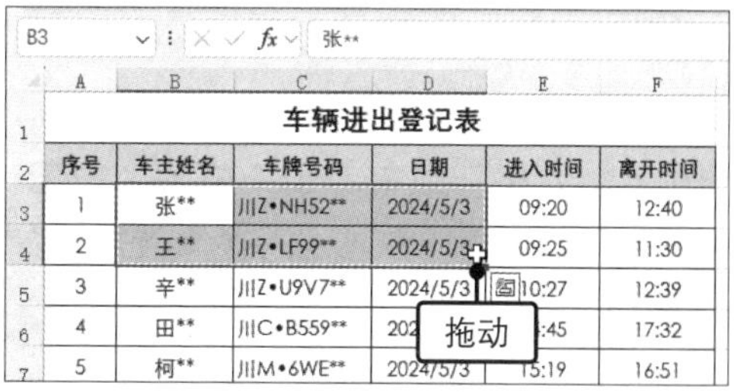

图 9-14

图 9-15

> 💻 **提示**
>
> 若要选择不相邻的单元格区域，可按住〈Ctrl〉键不放，再用鼠标进行选择。若要选择工作表中的所有单元格，可单击工作表左上角的"全选"按钮。若要选择某一行的所有单元格，可单击该行对应的行标题。若要选择多行，只需选择起始行标题，然后按住鼠标左键不放拖动至要选中的最后一行，释放鼠标即可。选择列的方法与选择行的方法类似。

9.2.2　调整单元格的大小

在单元格中输入数据后，如果数据的字数较多，有可能显示不全，可通过调整行高或列宽来解决此问题。

◎ **原始文件：** 实例文件\第9章\原始文件\调整单元格的大小.xlsx
◎ **最终文件：** 实例文件\第9章\最终文件\调整单元格的大小.xlsx

步骤01 拖动鼠标调整列宽

打开原始文件，可以看到 B 列的部分数据显示不全，将鼠标指针放在该列的列标题右边线上，当鼠标指针变为 ┿ 形状时，按住鼠标左键向右拖动，如图 9-16 所示。

步骤02 查看调整列宽的效果

拖动至适当的列宽后，释放鼠标左键，效果如图 9-17 所示。

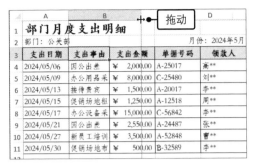

图 9-16

图 9-17

步骤03 单击"行高"选项

❶选择需要调整行高的单元格区域 A3:E11，❷在"单元格"组中单击"格式"按钮，❸在展开的列表中单击"行高"选项，如图 9-18 所示。

步骤04 输入行高值

弹出"行高"对话框，❶在"行高"文本框中输入新的行高值，如"20"，❷单击"确定"按钮，如图 9-19 所示。

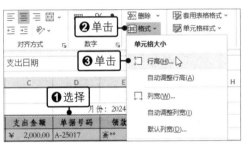

图 9-18

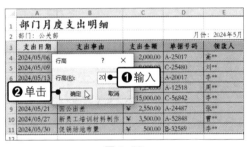

图 9-19

步骤05 查看调整行高的效果

返回工作表，可以看到所选单元格区域的行高都增加了，如图 9-20 所示。

图 9-20

9.2.3 插入与删除单元格

在制作表格的过程中，如果发现遗漏了某些数据，可以在表格中插入单元格，以补充填写缺失的数据。此外，对于多余或无用的单元格，可进行删除。

◎ **原始文件：** 实例文件\第9章\原始文件\插入与删除单元格.xlsx
◎ **最终文件：** 实例文件\第9章\最终文件\插入与删除单元格.xlsx

步骤01 插入单元格

打开原始文件，❶选中并用鼠标右键单击要插入单元格的位置，如单元格 B12 和 B13，❷在弹出的快捷菜单中单击"插入"命令，如图 9-21 所示。

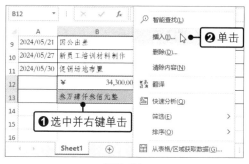

图 9-21

步骤02 选择插入选项

弹出"插入"对话框，❶单击"活动单元格右移"单选按钮，❷然后单击"确定"按钮，如图 9-22 所示。

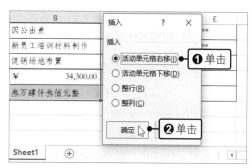

图 9-22

步骤03 插入单元格并输入数据

此时所选单元格右移，原位置上插入了空白单元格，在其中输入数据，如图 9-23 所示。

图 9-23

步骤04 删除单元格

❶选中并用鼠标右键单击右侧突出的多余单元格 F12 和 F13，❷在弹出的快捷菜单中单击"删除"命令，如图 9-24 所示。

图 9-24

步骤05 选择删除选项

弹出"删除"对话框，❶单击"右侧单元格左移"单选按钮，❷单击"确定"按钮，如图 9-25 所示。

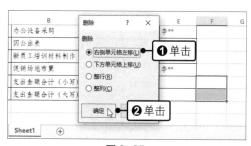

图 9-25

步骤06 查看删除单元格的效果

随后所选单元格被删除，其位置被原先位于右侧的空白单元格取代，如图 9-26 所示。

图 9-26

9.2.4 合并单元格

合并单元格是指将多个单元格合并成一个较大的单元格，这样可以使标题或汇总信息更加醒目。需要注意的是，合并后的单元格只会保留原先左上角单元格的数据，其他单元格的数据会丢失，因此，在合并前要检查单元格中是否有重要数据。

◎ **原始文件：**实例文件\第9章\原始文件\合并单元格.xlsx
◎ **最终文件：**实例文件\第9章\最终文件\合并单元格.xlsx

步骤01 选择合并单元格的方式

打开原始文件，❶选择需要合并的单元格区域，如 A1:E1，❷单击“合并后居中”右侧的下拉按钮，❸在展开的列表中单击“合并后居中”选项，如图 9-27 所示。

图 9-27

步骤02 查看合并单元格的效果

随后单元格区域 A1:E1 被合并为一个单元格，使用相同的方法分别合并单元格区域 A12:B12、C12:E12、A13:B13、C13:E13，效果如图 9-28 所示。

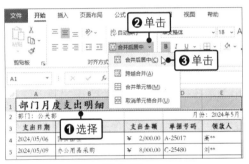

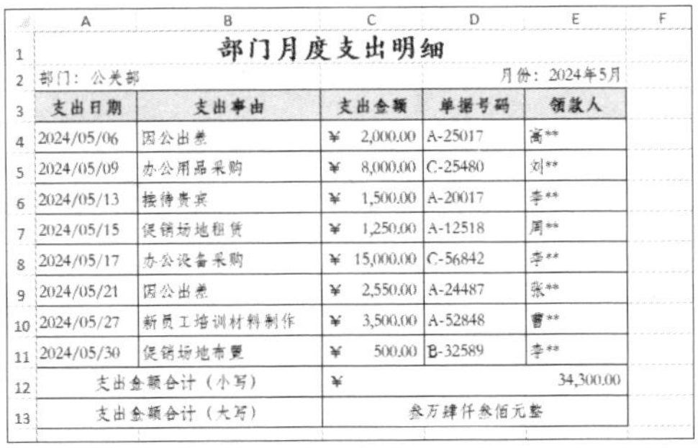

部门月度支出明细				
部门：公关部				月份：2024年5月
支出日期	支出事由	支出金额	单据号码	领款人
2024/05/06	因公出差	¥ 2,000.00	A-25017	高**
2024/05/09	办公用品采购	¥ 8,000.00	C-25480	刘**
2024/05/13	接待贵宾	¥ 1,500.00	A-20017	李**
2024/05/15	促销场地租赁	¥ 1,250.00	A-12518	周**
2024/05/17	办公设备采购	¥ 15,000.00	C-56842	李**
2024/05/21	因公出差	¥ 2,550.00	A-24487	张**
2024/05/27	新员工培训材料制作	¥ 3,500.00	A-52848	曹**
2024/05/30	促销场地布置	¥ 500.00	B-32589	李**
支出金额合计（小写）		¥ 34,300.00		
支出金额合计（大写）		叁万肆仟叁佰元整		

图 9-28

9.3 在单元格中输入数据

在单元格中输入数据是制作表格必不可少的操作。输入数据的方法也很简单，结合使用键盘和中文输入法即可完成大多数数据的输入。本节着重讲解一些有助于提高输入准确率和输入效率的实用技巧。

9.3.1 输入文本型数字

通常情况下，用户可以直接在单元格中输入文本和数字，或者通过编辑栏完成输入。但是，对于一些文本型数字，如身份证号、手机号、邮政编码、以 0 开头的数字编号等，最好先输入一个英文单引号“'”，再输入数字内容，以确保 Excel 将它们正确地识别为文本。

◎ **原始文件：**实例文件\第9章\原始文件\输入文本型数字.xlsx
◎ **最终文件：**实例文件\第9章\最终文件\输入文本型数字.xlsx

步骤01 输入序号

打开原始文件，选中单元格 A3，❶在编辑栏中输入"'001"，按〈Enter〉键确认，❷可以看到单元格 A3 中正确显示了序号"001"，如图 9-29 所示。

图 9-29

步骤02 输入姓名和身份证号

❶在单元格 B3 中输入第 1 位会员的姓名，❷使用步骤 01 的方法，在单元格 C3 中先输入"'"，再输入身份证号，如图 9-30 所示，按〈Enter〉键确认。

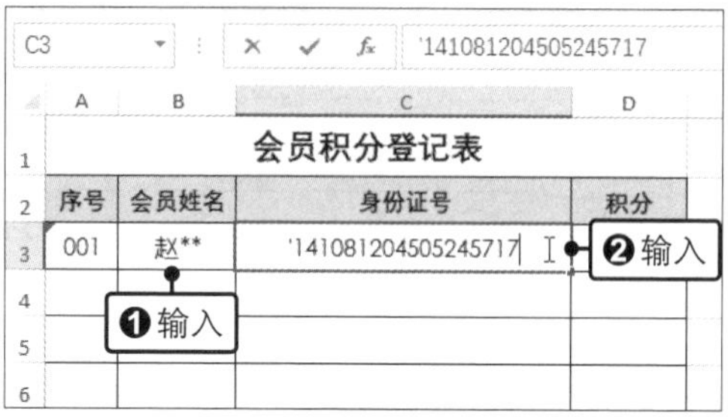

图 9-30

步骤03 输入积分

在单元格 D3 中输入"100"，如图 9-31 所示，按〈Enter〉键确认。这里的"100"是可以参与数学运算的数字，因而不需要事先输入"'"。

图 9-31

步骤04 继续输入其他数据

使用相同的方法继续输入第 2 位会员的数据，如图 9-32 所示。

图 9-32

9.3.2 自动填充数据

当需要在多个连续单元格中输入有一定规律的数据时，可以利用 Excel 提供的自动填充数据功能来提高输入效率。

◎ **原始文件：** 实例文件\第9章\原始文件\自动填充数据.xlsx
◎ **最终文件：** 实例文件\第9章\最终文件\自动填充数据.xlsx

步骤01 选择自动填充的起始区域

打开原始文件，❶选中已输入了序号的单元格区域 A3:A4，作为自动填充的起始区域，❷将鼠标指针放在该区域右下角的填充柄上，指针会变为十字形状，如图 9-33 所示。

按住鼠标左键向下拖动填充柄，拖动过的单元格中会按照起始区域的数字规律自动填充上等差序列，如图 9-34 所示。

图 9-33    图 9-34

> 💻 **提示**
>
> 　　通过拖动填充柄完成自动填充后，可以单击单元格区域右下角的"自动填充选项"按钮，在展开的列表中更改填充方式，包括"复制单元格""填充序列""仅填充格式""不带格式填充""快速填充"等选项。

9.3.3 在多个单元格中输入相同的数据

　　若要在多个单元格中输入相同的数据，可以利用快捷键〈Ctrl+Enter〉来快速完成。

　◎ **原始文件：** 实例文件\第9章\原始文件\在多个单元格中输入相同的数据.xlsx
　◎ **最终文件：** 实例文件\第9章\最终文件\在多个单元格中输入相同的数据.xlsx

步骤01 选中单元格并输入数据

打开原始文件，❶结合使用鼠标和〈Ctrl〉键同时选中单元格 D5、D6、D8，❷直接输入数字"200"，如图 9-35 所示。

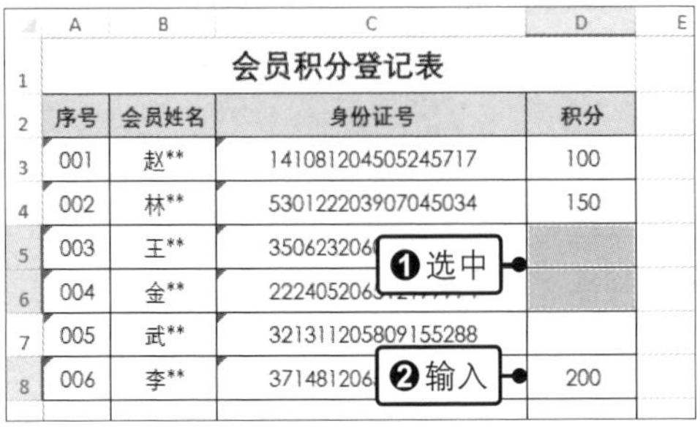

步骤02 按快捷键〈Ctrl+Enter〉

按快捷键〈Ctrl+Enter〉，此时所选单元格中都输入了"200"，如图 9-36 所示。

图 9-35   图 9-36

9.4 设置单元格格式

设置单元格格式包括设置单元格中数据的字体、字号、对齐方式、换行方式等，以及单元格本身的底纹和边框样式等。

9.4.1 设置字体和字号

在单元格中输入数据后，通过适当设置单元格的字体和字号，可以提高表格的美观度和可读性。

◎ **原始文件：**实例文件\第9章\原始文件\设置字体和字号.xlsx
◎ **最终文件：**实例文件\第9章\最终文件\设置字体和字号.xlsx

步骤01 设置字体

打开原始文件，❶选择表头所在的单元格区域 A1:E1，❷在"开始"选项卡下的"字体"组中单击"字体"右侧的下拉按钮，❸在展开的列表中单击"黑体"选项，如图 9-37 所示。

步骤02 设置字号

❶在"开始"选项卡下的"字体"组中单击"字号"右侧的下拉按钮，❷在展开的列表中单击"12"选项，如图 9-38 所示。

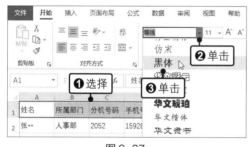

图 9-37

图 9-38

步骤03 查看设置后的效果

使用相同的方法为表身所在的单元格区域设置字体和字号，效果如图 9-39 所示。

图 9-39

9.4.2 设置底纹和边框

为单元格设置底纹可以突出显示特定的单元格。为单元格设置边框则有助于定义单元格的边界，让表格的结构更加清晰。

◎ **原始文件:** 实例文件\第9章\原始文件\设置底纹和边框.xlsx

◎ **最终文件:** 实例文件\第9章\最终文件\设置底纹和边框.xlsx

步骤01 **设置底纹**

打开原始文件,❶选择表头所在的单元格区域 A1:E1,❷在"开始"选项卡下的"字体"组中单击"颜色填充"右侧的下拉按钮,❸在展开的列表中单击一种颜色,如图9-40所示。

步骤02 **设置边框**

❶选择整个表格所在的单元格区域 A1:E6,❷在"开始"选项卡下的"字体"组中单击"边框"右侧的下拉按钮,❸在展开的列表中单击一种边框样式,如图 9-41 所示。

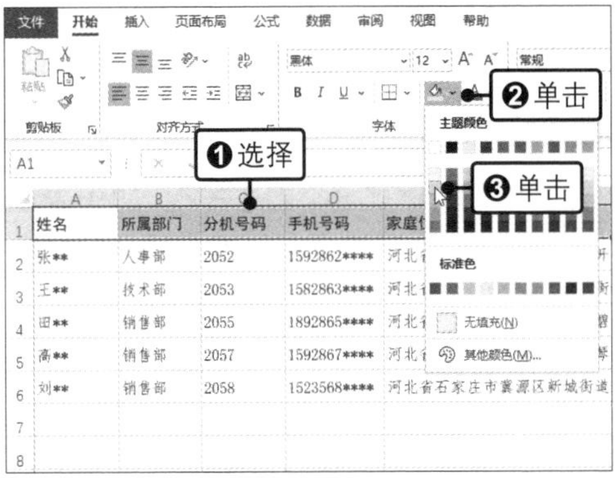

图 9-40

图 9-41

步骤03 **查看设置后的效果**

随后即可在工作表中看到为单元格设置底纹和边框的效果,如图 9-42 所示。

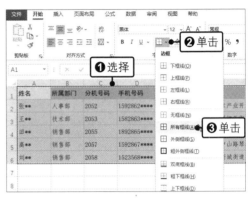

图 9-42

9.4.3 设置对齐方式

默认情况下,在单元格中输入的文本自动左对齐,输入的数字自动右对齐,而垂直方向则为居中对齐。用户可根据需要设置不同的对齐方式。

◎ **原始文件:** 实例文件\第9章\原始文件\设置对齐方式.xlsx

◎ **最终文件:** 实例文件\第9章\最终文件\设置对齐方式.xlsx

步骤01 **选择对齐方式**

打开原始文件,❶选择表头所在的单元格区域 A1:E1,❷在"开始"选项卡下的"对齐方式"组中单击"居中"按钮,如图 9-43 所示。

步骤02 查看设置后的效果

此时所选单元格区域中的文本变为居中对齐，效果如图 9-44 所示。

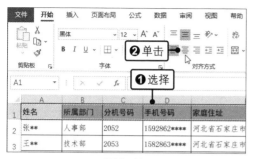

图 9-43

图 9-44

9.4.4 设置自动换行

当单元格中输入的数据较长，需要在单元格内以多行显示时，可以为单元格设置自动换行。

◎ **原始文件：** 实例文件\第9章\原始文件\设置自动换行.xlsx
◎ **最终文件：** 实例文件\第9章\最终文件\设置自动换行.xlsx

步骤01 启用自动换行

打开原始文件，❶选择单元格区域 E2:E6，❷在"开始"选项卡下的"对齐方式"组中单击"自动换行"按钮，如图 9-45 所示。

步骤02 自动调整行高

❶在"开始"选项卡下的"单元格"组中单击"格式"按钮，❷在展开的列表中单击"自动调整行高"选项，如图 9-46 所示。

步骤03 查看自动换行后的效果

在工作表中查看所选单元格区域内的文本自动换行效果，如图 9-47 所示。

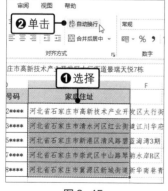

图 9-45

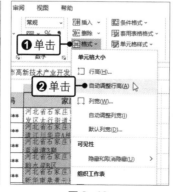

图 9-46

图 9-47

数据的整理与计算

在工作表中输入数据后，就可以对数据进行整理和计算，相关操作主要包括排序、筛选、分类汇总、合并计算、使用公式与函数进行更复杂和灵活的计算等。

10.1 数据的排序

排序是指以表格中的一个或多个列作为依据，然后根据这些列中数据的大小按照一定的顺序（升序或降序）重新排列表格中各行的位置。排序不仅能让数据变得更有条理，而且能让数据的对比变得更加简单和直接，有助于用户快速找出最大值、最小值或中间值等统计信息，还能更轻松地识别数据的变化规律和发展趋势。

10.1.1 单个字段排序

单个字段排序即以单个列作为排序的依据，它是最简单的排序方式。

◎ **原始文件：** 实例文件\第10章\原始文件\单个字段排序.xlsx
◎ **最终文件：** 实例文件\第10章\最终文件\单个字段排序.xlsx

步骤01 单击"降序"按钮

打开原始文件，❶选中"年终奖金"列中任意含有数据的单元格，❷切换至"数据"选项卡，❸单击"排序和筛选"组中的"降序"按钮，如图 10-1 所示。

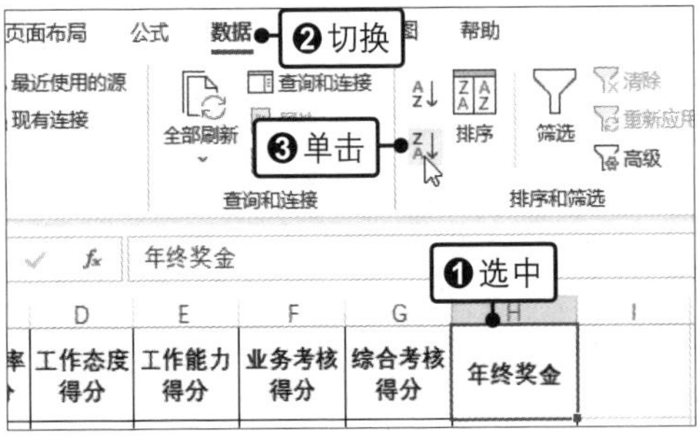

步骤02 查看按单个字段排序的结果

此时工作表中的数据按照年终奖金从高到低排列，如图 10-2 所示。如果要进行从低到高的排序，则单击"排序和筛选"组中的"升序"按钮。

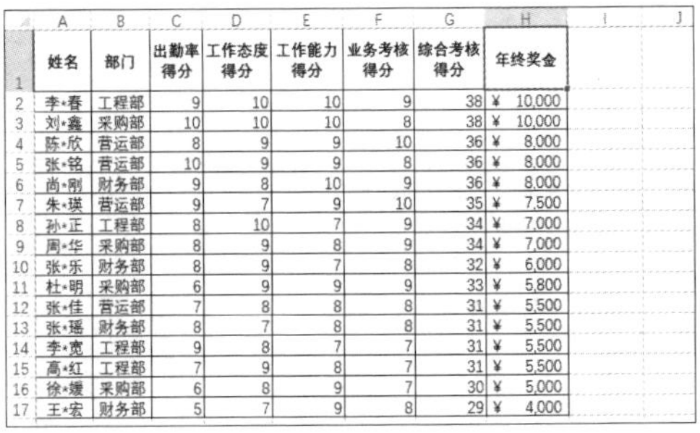

图 10-1

图 10-2

　　实际上，Excel 除了支持按列（字段）排序，还支持按行排序。单击"排序和筛选"组中的"排序"按钮，在弹出的"排序"对话框中单击"选项"按钮，然后在"排序选项"对话框中单击"按行排序"单选按钮，即可切换至按行排序模式。

10.1.2　多个字段排序

　　多个字段排序是指选择多个列作为排序的依据，这些列分为"主要关键字"（只能有一个）和"次要关键字"（可以有多个）。先按主要关键字排序，当主要关键字的值相同而分不出大小时，再按次要关键字排序。

　　◎　**原始文件：** 实例文件\第10章\原始文件\多个字段排序.xlsx
　　◎　**最终文件：** 实例文件\第10章\最终文件\多个字段排序.xlsx

步骤01　**单击"排序"按钮**

打开原始文件，❶选中数据表格中的任意单元格，❷切换至"数据"选项卡，❸单击"排序和筛选"组中的"排序"按钮，如图 10-3 所示。

步骤02　**设置主要条件**

弹出"排序"对话框，❶设置"主要关键字"为"部门"，❷设置"次序"为"升序"，如图 10-4 所示。

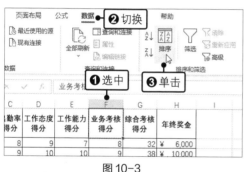

图 10-3

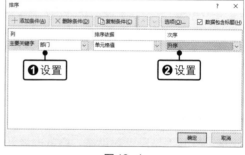

图 10-4

　　在"排序"对话框中，每个条件都可以设置自己的"次序"。"排序依据"列表框中的选项除了最常用的"单元格值"，还包括"单元格颜色""字体颜色""条件格式图标"等。利用对话框顶部的按钮，可以对条件进行删除或复制。

步骤03　**添加条件**

单击"添加条件"按钮，添加次要条件，如图 10-5 所示。

步骤04 设置次要条件

❶设置"次要关键字"为"年终奖金"，❷设置"次序"为"降序"，❸单击"确定"按钮，如图 10-6 所示。

图 10-5

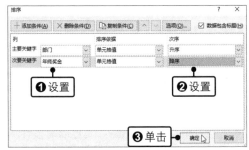

图 10-6

步骤05 查看按多个字段排序的结果

返回工作表，可看到表格先按"部门"列升序排序，当部门相同时再按"年终奖金"列降序排序，从而可以方便地对比同一部门员工的年终奖金大小，如图 10-7 所示。

	A	B	C	D	E	F	G	H
1	姓名	部门	出勤率得分	工作态度得分	工作能力得分	业务考核得分	综合考核得分	年终奖金
2	尚•刚	财务部	9	8	10	9	36	¥ 8,000
3	张•乐	财务部	8	9	7	8	32	¥ 6,000
4	张•瑶	财务部	8	7	8	8	31	¥ 5,500
5	王•宏	财务部	5	7	9	8	29	¥ 4,000
6	刘•鑫	采购部	10	10	10	8	38	¥ 10,000
7	周•华	采购部	8	9	8	9	34	¥ 7,000
8	杜•明	采购部	6	9	9	9	33	¥ 5,800
9	徐•媛	采购部	6	8	9	7	30	¥ 5,000

图 10-7

10.1.3　自定义排序

自定义排序即在排序时按照用户提供的序列来比较数据的大小。

◎ **原始文件：** 实例文件\第10章\原始文件\自定义排序.xlsx
◎ **最终文件：** 实例文件\第10章\最终文件\自定义排序.xlsx

步骤01 选择"自定义序列"选项

打开原始文件，选中数据表格中的任意单元格，打开"排序"对话框，❶单击展开主要关键字"部门"对应的"次序"下拉列表框，❷单击"自定义序列"选项，如图 10-8 所示。

步骤02 输入自定义序列

弹出"自定义序列"对话框，❶在"输入序列"文本框中输入自定义序列，每输入一个项目按〈Enter〉键换行，❷输入完毕后单击"添加"按钮，如图 10-9 所示。

图 10-8

图 10-9

单击"确定"按钮，返回"排序"对话框，可以看到主要关键字"部门"对应的"次序"下拉列表框中自动选择了刚才输入的自定义序列，如图 10-10 所示。

单击"确定"按钮，可以看到"部门"列按照自定义序列的先后顺序进行了排序，如图 10-11 所示。

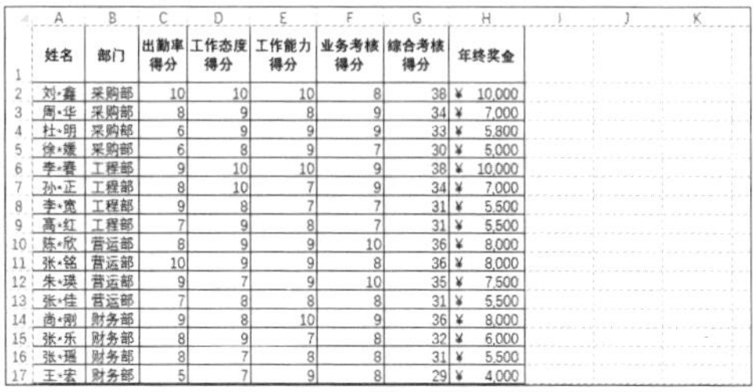

图 10-10

图 10-11

10.2　数据的筛选

筛选是指只显示表格中满足指定条件的数据行，而隐藏不满足条件的数据行。它可以帮助用户从大量的数据中快速找出符合特定条件的信息。

10.2.1　自动筛选数据

Excel 的自动筛选功能会将表格中各个字段（列）的唯一值提取出来，用户只需进行简单的勾选操作，即可筛选出需要的项目。

◎ **原始文件：** 实例文件\第10章\原始文件\自动筛选数据.xlsx
◎ **最终文件：** 实例文件\第10章\最终文件\自动筛选数据.xlsx

打开原始文件，❶选中数据表格中的任意单元格，❷切换到"数据"选项卡，❸单击"排序和筛选"组中的"筛选"按钮，如图 10-12 所示。

❶单击"性别"字段右侧的下拉按钮，❷在展开的列表中取消勾选"（全选）"复选框，❸勾选"女"复选框，如图 10-13 所示。

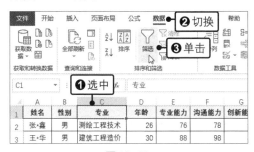

图 10-12

图 10-13

单击"确定"按钮后，表格中将只显示女性应聘者的信息，如图 10-14 所示。

	A	B	C	D	E	F	G	H
1	姓名	性别	专业	年龄	专业能	沟通能	创新能	平均分
5	刘·倩	女	测绘工程技术	23	56	67	68	63.67
6	李·娟	女	建筑室内设计	22	76	78	92	82.00
7	张·兰	女	测绘工程技术	25	91	86	74	83.67
9	李·静	女	建筑智能化	23	58	50	64	57.33
19	李·桐	女	测绘工程技术	24	96	83	82	87.00
22	张·敏	女	建筑室内设计	26	85	84	95	88.00
25	张·姗	女	测绘工程技术	28	85	79	74	79.33
26	尚·湘	女	测绘工程技术	23	68	83	86	79.00
28	张·芳	女	建筑装饰工程	24	68	68	85	73.67
29	王·晶	女	建设工程管理	25	60	53	59	57.33
30								

图 10-14

💻 提示

　　单击"筛选"按钮后，表格进入自动筛选状态，各字段标题的右侧会显示下拉按钮。如果要退出自动筛选状态，可再次单击"筛选"按钮，此时各字段标题右侧的下拉按钮会消失，表格也恢复原状。

10.2.2　按关键词筛选

　　如果筛选条件不是精确地等于某个值，而是包含某个字符串，可以使用按关键词筛选的功能。

◎ **原始文件：** 实例文件\第10章\原始文件\按关键词筛选.xlsx
◎ **最终文件：** 实例文件\第10章\最终文件\按关键词筛选.xlsx

步骤01　输入关键词

打开原始文件，启动筛选功能，❶单击"专业"字段右侧的下拉按钮，❷在搜索框中输入关键词，如"工程"，如图 10-15 所示。

	A	B	C	D	E	F	G
1	姓名	性别	专业	年龄	专业能	沟通能	创新能
A↓	升序(S)			26	76	78	91
Z↓	降序(O)			30	88	98	87
	按颜色排序(T)			24	75	64	88
	工作表视图(V)			23	56	67	68
▽	从"专业"中清除筛选(C)			22	76	78	92
	按颜色筛选(I)			25	91	86	74
	文本筛选(F)			24	78	80	90
	工程			23	58	50	64
	☑(选择所有搜索结果)			26	81	60	91
	☐将当前所选内容添加到筛选器			25	55	60	58

❶单击 ❷输入

图 10-15

步骤02　查看按关键词筛选的结果

单击"确定"按钮后，表格中将只显示专业名称包含关键词"工程"的应聘者信息，如图 10-16 所示。

	A	B	C	D	E	F	G	H
1	姓名	性别	专业	年龄	专业能	沟通能	创新能	平均分
2	张·鑫	男	测绘工程技术	26	76	78	91	81.67
3	王·华	男	建筑工程造价	30	88	98	87	91.00
4	高·翔	男	测绘工程技术	24	75	64	88	75.67
5	刘·倩	女	测绘工程技术	23	56	67	68	63.67
7	张·兰	女	测绘工程技术	25	91	86	74	83.67
8	曹·云	男	测绘工程技术	24	78	80	90	82.67
11	徐·硕	男	建设工程管理	26	81	60	91	77.33
12	罗·盛	男	建筑装饰工程	27	90	78	67	78.33
14	刘·柯	男	建设工程管理	29	80	88	77	81.67
15	周·凯	男	测绘工程技术	30	90	86	78	84.67
16	杜·明	男	测绘工程技术	28	74	87	91	84.00
17	徐·钢	男	建筑装饰工程	27	85	69	85	79.67

图 10-16

10.2.3　按自定义条件筛选

　　自动筛选功能允许用户自定义筛选条件，并根据字段的数据类型，提供文本筛选和数字筛选等模式。

◎ **原始文件：** 实例文件\第10章\原始文件\按自定义条件筛选.xlsx
◎ **最终文件：** 实例文件\第10章\最终文件\按自定义条件筛选.xlsx

步骤01　清除已有的筛选条件

打开原始文件，在进行其他筛选前，需先清除已有的筛选条件。❶单击"专业"字段右侧带有筛选标记的下拉按钮，❷在展开的列表中单击"从'专业'中清除筛选"选项，如图 10-17 所示。

步骤02　选择条件

❶单击"平均分"字段右侧的下拉按钮，❷在展开的列表中单击"数字筛选→大于或等于"选项，如图 10-18 所示。

图 10-17

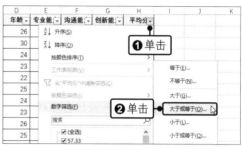

图 10-18

步骤03　输入条件值

弹出"自定义自动筛选方式"对话框，输入"大于或等于"的条件值为"85"，如图 10-19 所示。

步骤04　查看筛选结果

单击"确定"按钮，筛选出所有平均分大于或等于 85 的应聘者信息，如图 10-20 所示。

图 10-19

	A	B	C	D	E	F	G	H
1	姓名	性别	专业	年龄	专业能	沟通能	创新能	平均分
3	王*华	男	建筑工程造价	30	88	98	87	91.00
19	李*桐	女	测绘工程技术	24	96	83	82	87.00
22	张*敏	女	建筑室内设计	26	85	84	95	88.00
23	朱*迪	男	建筑智能化	29	96	82	87	88.33

图 10-20

10.2.4　高级筛选

高级筛选功能允许用户定义由多个条件组合而成的复杂筛选条件。高级筛选与自动筛选最大的不同在于，筛选条件需要输入到工作表的单元格中，位于同一行的条件之间是"且"的逻辑关系，位于不同行的条件之间则是"或"的逻辑关系。

◎ **原始文件:** 实例文件\第10章\原始文件\高级筛选.xlsx

◎ **最终文件:** 实例文件\第10章\最终文件\高级筛选.xlsx

步骤01 **输入筛选条件和结果字段**

打开原始文件,❶在合适的空白区域输入筛选条件,❷输入要在筛选结果中显示的字段,❸在"数据"选项卡下的"排序和筛选"组中单击"高级"按钮,如图10-21所示。

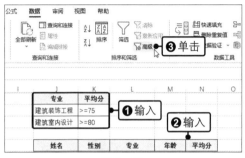

图10-21

步骤02 **单击单元格引用按钮**

弹出"高级筛选"对话框,❶单击"将筛选结果复制到其他位置"单选按钮,❷单击"列表区域"右侧的单元格引用按钮,如图10-22所示。

图10-22

步骤03 **选择数据表格**

❶选择数据表格所在的单元格区域A1:H29,❷再次单击单元格引用按钮,如图10-23所示。

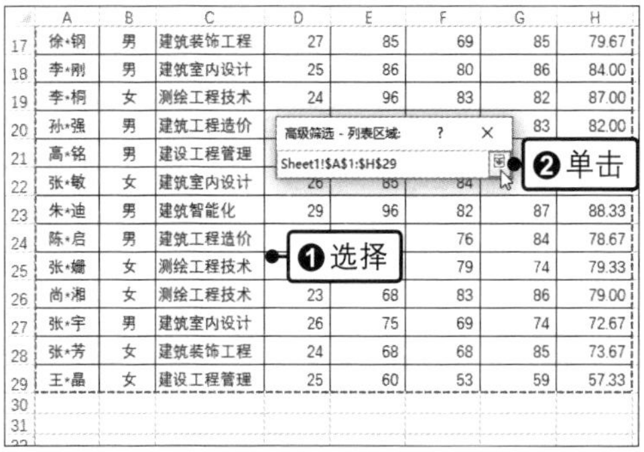

图10-23

步骤04 **确定筛选**

❶使用相同的方法设置"条件区域"和"复制到"选项,❷单击"确定"按钮,如图10-24所示。

图10-24

步骤05 **查看筛选的结果**

随后可在指定的"复制到"区域看到筛选出指定的两个专业且平均分达到相应标准的应聘者信息,如图10-25所示。

图10-25

10.3 数据的分类汇总

分类汇总是指根据一个或多个字段将数据分组，并对每组数据执行求和、求平均值、计数等汇总运算。需要注意的是，在进行分类汇总之前，应基于分类字段对数据进行排序，否则无法得到正确的汇总结果。

10.3.1 简单分类汇总

简单分类汇总是指只针对一个分类字段进行的汇总。

◎ **原始文件：** 实例文件\第10章\原始文件\简单分类汇总.xlsx
◎ **最终文件：** 实例文件\第10章\最终文件\简单分类汇总.xlsx

步骤01 单击"分类汇总"按钮

打开原始文件，表格中的数据已按"负责人"字段做了升序排列。❶选中表格中的任意单元格，❷在"数据"选项卡下的"分级显示"组中单击"分类汇总"按钮，如图 10-26 所示。

步骤02 设置分类汇总选项

弹出"分类汇总"对话框，❶设置"分类字段"为"负责人"，❷设置"汇总方式"为"求和"，❸在"选定汇总项"列表框中勾选"上装（件）"和"下装（件）"字段，❹单击"确定"按钮，如图 10-27 所示。

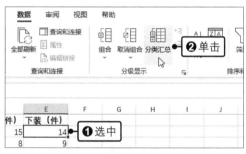

图 10-26

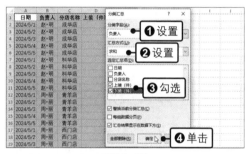

图 10-27

步骤03 查看简单分类汇总的结果

返回工作表，单击左上角的分级数字按钮以折叠明细数据，即可查看各个负责人的销售业绩汇总情况，如图 10-28 所示。

1 2 3		A	B	C	D	E
	1	日期	负责人	分店名称	上装（件）	下装（件）
+	12		赵*明 汇总		107	88
+	23		周*丽 汇总		126	105
-	24		总计		233	193
	25					
	26					
	27					
	28					
	29					
	30					

图 10-28

10.3.2 嵌套分类汇总

嵌套分类汇总又称为多层次分类汇总，它是对已经汇总的数据再次按其他字段进行的汇总，汇总结果包含多个分类字段。

◎ **原始文件：** 实例文件\第10章\原始文件\嵌套分类汇总.xlsx
◎ **最终文件：** 实例文件\第10章\最终文件\嵌套分类汇总.xlsx

步骤01 设置嵌套分类汇总

打开原始文件，表格中的数据已按"负责人"和"分店名称"字段做了升序排序，并按"负责人"字段做了一次分类汇总。打开"分类汇总"对话框，❶设置"分类字段"为"分店名称"，"汇总方式"和"选定汇总项"不变，❷取消勾选"替换当前分类汇总"复选框，❸单击"确定"按钮，如图 10-29 所示。

步骤02 查看嵌套分类汇总的结果

单击左上角的分级数字按钮以折叠明细数据，即可查看各个负责人所管辖的各家分店的销售业绩汇总情况，如图 10-30 所示。

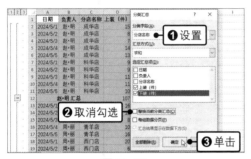

图 10-29

图 10-30

10.4 数据的合并计算

合并计算功能可以从多个数据源（工作表或工作簿）中提取数据，并按照指定的方式（如求和、求平均值、计数等）将它们汇总在一起。合并计算有两种方法：按位置合并计算和按分类合并计算。

10.4.1 按位置合并计算

按位置合并计算是对多个数据源中相同位置的数据进行汇总，适合用于汇总具有相同结构的数据表格。

◎ **原始文件：** 实例文件\第10章\原始文件\按位置合并计算.xlsx
◎ **最终文件：** 实例文件\第10章\最终文件\按位置合并计算.xlsx

步骤01 单击"合并计算"按钮

打开原始文件，❶切换至"第 2 季度"工作表，❷选中单元格 B3，❸在"数据"选项卡下的"数据工具"组中单击"合并计算"按钮，如图 10-31 所示。

步骤02 单击单元格引用按钮

弹出“合并计算”对话框，❶设置“函数”为“求和”，❷单击“引用位置”右侧的单元格引用按钮，如图 10-32 所示。

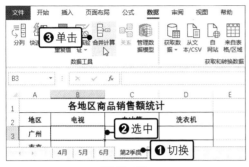

图 10-31

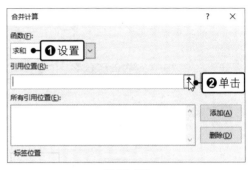

图 10-32

步骤03 选择合并计算的单元格区域

❶单击“4 月”工作表标签，❷选择单元格区域 B3:D11，❸单击单元格引用按钮，如图 10-33 所示。

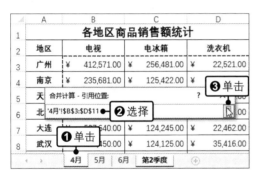

图 10-33

步骤04 添加引用位置

返回“合并计算”对话框，“引用位置”文本框中会显示所选单元格区域，单击“添加”按钮，如图 10-34 所示。

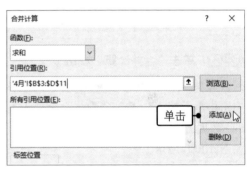

图 10-34

步骤05 继续选择合并计算的单元格区域

再次单击“引用位置”右侧的单元格引用按钮，❶单击“5 月”工作表标签，❷选择单元格区域 B3:D11，❸单击单元格引用按钮，如图 10-35 所示。

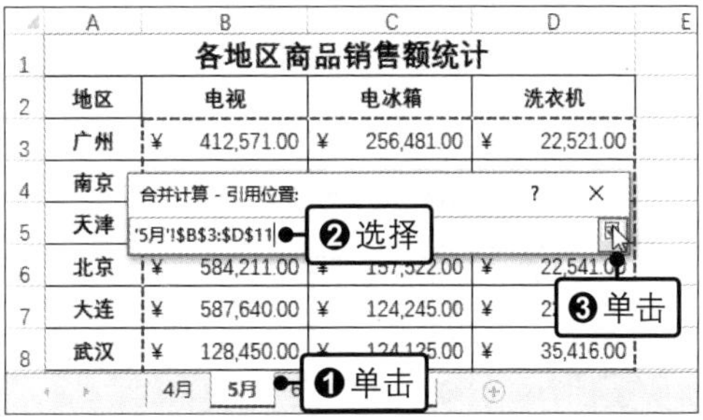

图 10-35

步骤06　完成引用位置的添加

重复上述操作，完成“6 月”工作表中引用位置的添加，单击“确定”按钮，如图 10-36 所示。

图 10-36

步骤07　查看按位置合并计算的结果

此时在“第 2 季度”工作表中显示了对添加的引用位置按位置合并求和的结果，如图 10-37 所示。

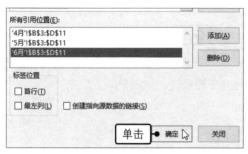

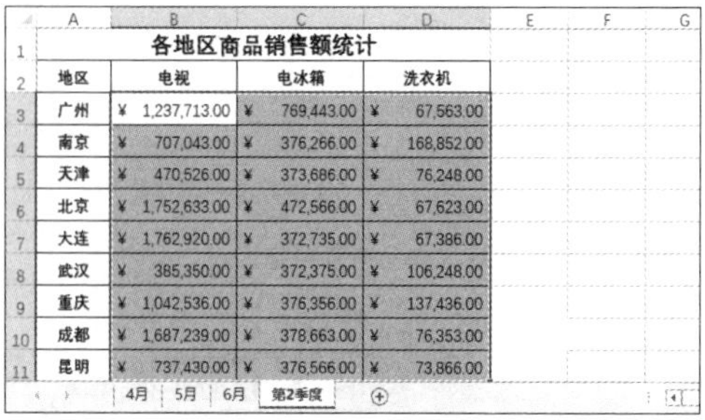

地区	电视	电冰箱	洗衣机
广州	¥ 1,237,713.00	¥ 769,443.00	¥ 67,563.00
南京	¥ 707,043.00	¥ 376,266.00	¥ 168,852.00
天津	¥ 470,526.00	¥ 373,686.00	¥ 76,248.00
北京	¥ 1,752,633.00	¥ 472,566.00	¥ 67,623.00
大连	¥ 1,762,920.00	¥ 372,735.00	¥ 67,386.00
武汉	¥ 385,350.00	¥ 372,375.00	¥ 106,248.00
重庆	¥ 1,042,536.00	¥ 376,356.00	¥ 137,436.00
成都	¥ 1,687,239.00	¥ 378,663.00	¥ 76,353.00
昆明	¥ 737,430.00	¥ 376,566.00	¥ 73,866.00

图 10-37

10.4.2　按分类合并计算

当数据源中有共同的分类标签时，可以使用按分类合并计算。这种方式根据分类标签对数据进行分组，并对每个类别下的数据进行汇总。

◎ **原始文件：** 实例文件\第10章\原始文件\按分类合并计算.xlsx

◎ **最终文件：** 实例文件\第10章\最终文件\按分类合并计算.xlsx

步骤01　单击“合并计算”按钮

打开原始文件，❶在“第 2 季度”工作表中选中单元格 A3，❷在“数据”选项卡下的“数据工具”组中单击“合并计算”按钮，如图 10-38 所示。

图 10-38

步骤02　单击单元格引用按钮

弹出“合并计算”对话框，❶设置“函数”为“求和”，❷单击“引用位置”右侧的单元格引用按钮，如图 10-39 所示。

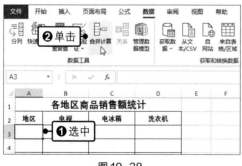

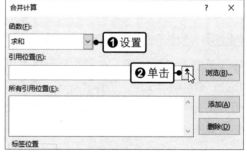

图 10-39

步骤03　选择合并计算的单元格区域

❶单击“4 月”工作表标签，❷选择单元格区域 A3:D9，❸单击单元格引用按钮，如图 10-40 所示。

步骤04 添加引用位置

返回"合并计算"对话框，❶单击"添加"按钮，将所选单元格区域添加到"所有引用位置"列表框，❷再次单击"引用位置"右侧的引用按钮，如图10-41所示。

图10-40

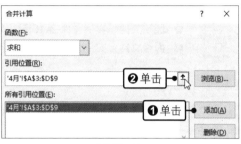

图10-41

步骤05 继续选择合并计算的单元格区域

❶单击"5月"工作表标签，❷选择单元格区域A3:D11，❸单击单元格引用按钮，如图10-42所示。

步骤06 完成引用位置的添加

返回"合并计算"对话框，用相同的方式添加"6月"工作表中的引用位置，❶勾选"最左列"复选框，❷单击"确定"按钮，如图10-43所示。

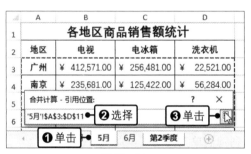

图10-42

图10-43

步骤07 查看按分类合并计算的结果

此时在"第2季度"工作表中显示了对添加的引用位置按分类标签合并求和的结果，如图10-44所示。

图10-44

10.5 公式与函数的使用

在Excel中，公式和函数是进行数据计算和分析的核心工具。公式是由用户自定义的一串计算指令。函数则是预定义的公式，用于快速完成特定的复杂计算任务。

10.5.1 输入公式

公式总是以等号"＝"开头。公式可以直接在单元格中输入，也可以在编辑栏中输入。

◎ **原始文件：** 实例文件\第10章\原始文件\输入公式.xlsx
◎ **最终文件：** 实例文件\第10章\最终文件\输入公式.xlsx

步骤01 输入公式

打开原始文件，❶选中单元格 F2，❷在编辑栏中输入"=B2-C2-D2-E2"，如图10-45 所示。

步骤02 查看公式计算结果

输入完成后，按〈Enter〉键确认，单元格 F2 中会显示公式的计算结果，如图 10-46 所示。

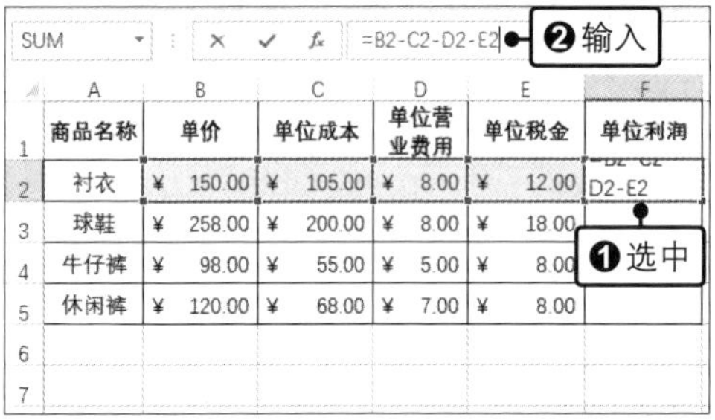

	A	B	C	D	E	F
1	商品名称	单价	单位成本	单位营业费用	单位税金	单位利润
2	衬衣	¥ 150.00	¥ 105.00	¥ 8.00	¥ 12.00	D2-E2
3	球鞋	258.00	¥ 200.00	¥ 8.00	18.00	
4	牛仔裤	98.00	¥ 55.00	¥ 5.00	8.00	
5	休闲裤	120.00	¥ 68.00	¥ 7.00	8.00	
6						
7						

图 10-45

	A	B	C	D	E	F
1	商品名称	单价	单位成本	单位营业费用	单位税金	单位利润
2	衬衣	¥ 150.00	¥ 105.00	¥ 8.00	¥ 12.00	¥ 25.00
3	球鞋	258.00	¥ 200.00	¥ 8.00	18.00	
4	牛仔裤	98.00	¥ 55.00	¥ 5.00	8.00	
5	休闲裤	120.00	¥ 68.00	¥ 7.00	8.00	
6						
7						

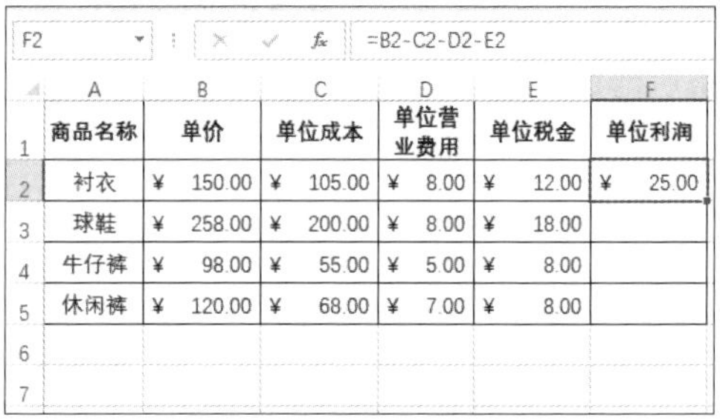

图 10-46

10.5.2 复制公式

当需要在多个单元格中进行相同的计算时，为了提高效率，可以先在一个单元格中输入公式，再通过拖动填充的方式将公式复制到其他单元格。

◎ **原始文件：** 实例文件\第10章\原始文件\复制公式.xlsx
◎ **最终文件：** 实例文件\第10章\最终文件\复制公式.xlsx

步骤01 拖动填充柄

打开原始文件，❶选中单元格 F2，❷用鼠标向下拖动单元格右下角的填充柄，如图10-47 所示。

图 10-47

步骤02 查看复制公式的结果

拖动至单元格 F5 后松开鼠标，即可在单元格区域 F3:F5 中看到计算结果，如图 10-48 所示。

步骤03 查看复制的公式

❶选中单元格区域 F3:F5 中的任意一个单元格，如单元格 F4，❷在编辑栏中查看相应的公式，可以看到公式中引用的单元格自动发生了变化，如图 10-49 所示。

图 10-48

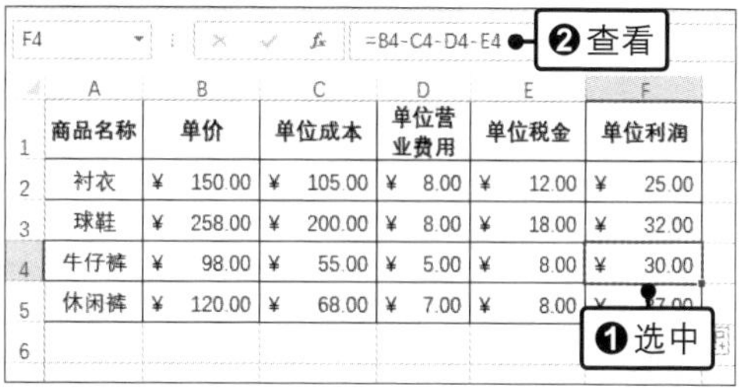

图 10-49

💻 **提示**

> 复制公式还可以利用粘贴选项的功能来实现。选中含有公式的单元格，按快捷键〈Ctrl+C〉，然后选中需要粘贴公式的单元格，在"开始"选项卡下的"剪贴板"组中单击"粘贴"下拉按钮，在展开的列表中单击"公式"按钮。

10.5.3 利用 AI 编写公式

在编写复杂的公式时，用户不仅要熟练掌握语法规则和各种函数的用法，还要投入大量时间调试和修正错误。如今，先进的 AI 工具能够帮助我们更加轻松地编写和验证复杂的公式。

◎ **原始文件：** 实例文件\第10章\原始文件\利用AI编写公式.xlsx
◎ **最终文件：** 实例文件\第10章\最终文件\利用AI编写公式.xlsx

步骤01 单击"获取加载项"按钮

打开原始文件，❶切换至"插入"选项卡，❷在"加载项"组中单击"获取加载项"按钮，如图 10-50 所示。

步骤02 搜索加载项

打开"Office 加载项"窗口，❶在搜索框中输入加载项名称"Formula Bot"，❷单击"搜索"按钮，❸在搜索结果中单击该加载项右侧的"添加"按钮，如图 10-51所示。

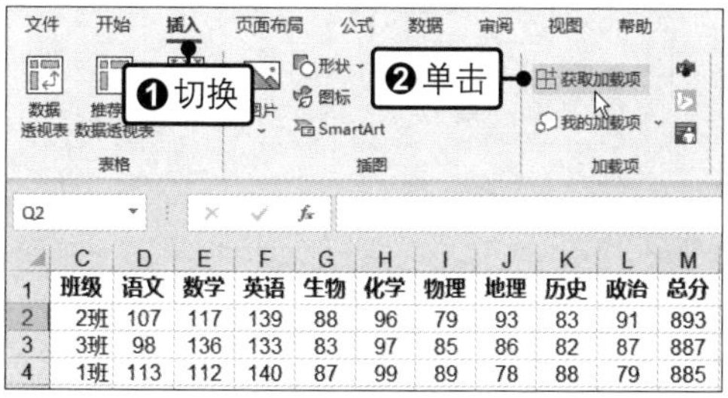

图 10-50

图 10-51

步骤03　安装加载项

弹出对话框，单击"继续"按钮，如图10-52所示，开始安装加载项。

图 10-52

步骤04　调用加载项

安装成功后，在功能区的"开始"选项卡最右侧会出现"Show Formula Bot"的按钮。这里需要计算班级及格率，❶选中单元格Q2，❷单击"Show Formula Bot"按钮，如图10-53所示。

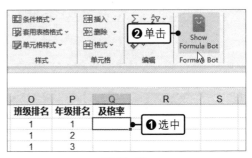

图 10-53

步骤05　登录账号

展开 Formula Bot 的窗口界面，❶在界面中输入邮箱和密码，❷单击"Login"按钮，进行登录，如图10-54所示。如果没有账号，可以单击下方的"Sign up for free!"，打开网页端进行注册。

图 10-54

步骤06　单击"Generate Formula"选项

登录成功后，单击 Formula Bot 窗口中的"Generate Formula"选项来生成公式，如图10-55所示。如果希望了解已经编写好的公式的含义，则单击下方的"Explain Formula"选项。

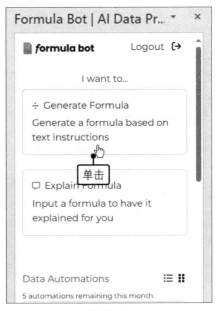

图 10-55

步骤07 输入提示词

展开公式生成界面，❶在文本框中输入提示词，❷单击"Submit"按钮，如图10-56所示。

图 10-56

步骤08 生成公式

等待片刻，❶ Formula Bot 会根据提示词生成公式，❷单击"Insert in cell"按钮，如图 10-57 所示。

图 10-57

步骤09 插入 AI 生成的公式

将 Formula Bot 生成的公式插入单元格 Q2 中，计算出及格率，同时，在编辑栏中可以看到完整的公式，如图 10-58 所示。

步骤10 复制公式

使用 10.5.2 节讲解的方法，通过鼠标拖动填充柄的方式向下复制公式，完成更多及格率的计算，如图 10-59 所示。

fx	=(COUNTIF(D2:F2,">=90")+COUNTIF(G2:L2,">=60"))/COUNTA(D2:L2)									
G	H	I	J	K	L	M	N	O	P	Q
生物	化学	物理	地理	历史	政治	总分	平均分	班级排名	年级排名	及格率
88	96	79	93	83	91	893	99.22	1	1	100%
83	97	85	86	82	87	887	98.56	1	2	
87	99	89	78	88	79	885	98.33	1	3	
73	93	97	82	64	99	882	98.00	2	4	
99	88	98	90	74	74	879	97.67	2	5	
87	75	87	81	85	91	878	97.56	2	6	
64	98	97	75	89	61	873	97.00	3	7	
97	89	69	92	100	59	869	96.56	3	8	
86	80	67	90	70	85	866	96.22	3	9	
93	93	69	71	78	59	857	95.22	4	10	
96	64	77	59	96	85	846	94.00	4	11	
74	89	97	72	91	71	844	93.78	4	12	

图 10-58

fx	=(COUNTIF(D2:F2,">=90")+COUNTIF(G2:L2,">=60"))/COUNTA(D2:L2)									
G	H	I	J	K	L	M	N	O	P	Q
生物	化学	物理	地理	历史	政治	总分	平均分	班级排名	年级排名	及格率
88	96	79	93	83	91	893	99.22	1	1	100%
83	97	85	86	82	87	887	98.56	1	2	100%
87	99	89	78	88	79	885	98.33	1	3	100%
73	93	97	82	64	99	882	98.00	2	4	100%
99	88	98	90	74	74	879	97.67	2	5	100%
87	75	87	81	85	91	878	97.56	2	6	100%
64	98	97	75	89	61	873	97.00	3	7	100%
97	89	69	92	100	59	869	96.56	4	8	89%
86	80	67	90	70	85	866	96.22	3	9	100%
93	93	69	71	78	59	857	95.22	4	10	89%
96	64	77	59	96	85	846	94.00	4	11	89%
74	89	97	72	91	71	844	93.78	4	12	

图 10-59

> 💻 **提示**
>
> 能够智能编写公式的 Excel 加载项有很多，Formula Bot 只是其中之一，读者可以自行搜索和体验其他加载项。除此之外，ChatGPT、通义千问、文心一言等 AI 工具也具备编写 Excel 公式的能力，但在集成度和方便度上略逊于 Excel 加载项，感兴趣的读者可以自行尝试。

10.5.4　引用单元格数据

在书写公式时，可以使用字母（列标）、数字（行号）、符号的组合来标识单元格的位置，从而引入单元格中的值用于计算。引用的方式分为相对引用、绝对引用、混合引用3种。

1．相对引用

相对引用是指公式所在的单元格与被引用单元格之间的位置是相对的，当公式所在单元格发生改变时，公式中引用的单元格也会随之改变。默认情况下，所有单元格引用都是相对引用。

◎ **原始文件：**实例文件\第10章\原始文件\相对引用.xlsx
◎ **最终文件：**实例文件\第10章\最终文件\相对引用.xlsx

步骤01　输入并复制公式

打开原始文件，❶在单元格 D2 中输入使用了相对引用的公式"=C2/B2"，❷用鼠标拖动填充柄，向下复制公式，如图10-60 所示。

步骤02　查看复制的公式

❶选中任意一个包含复制公式的单元格，如单元格 D6，❷在编辑栏中可以看到公式中引用的单元格自动变为 C6 和 B6，如图10-61 所示。

图 10-60　　　　　　　　　　图 10-61

2．绝对引用

在相对引用的单元格的列标和行号之前添加"$"符号，便可将相对引用转换成绝对引用。当公式所在单元格发生改变时，绝对引用的单元格不会随之改变。

◎ **原始文件：**实例文件\第10章\原始文件\绝对引用.xlsx
◎ **最终文件：**实例文件\第10章\最终文件\绝对引用.xlsx

步骤01　输入并复制公式

打开原始文件，❶在单元格 E3 中输入公式"=D3*\$E\$1"，其中对单元格 D3 应用了相对引用，对单元格 E1 应用了绝对引用，❷用鼠标拖动填充柄，向下复制公式，如图10-62所示。

❶选中任意一个包含复制公式的单元格，如单元格 E5，❷在编辑栏中可以看到原公式中相对引用的单元格 D3 自动变为 D5，而绝对引用的单元格 E1 则保持不变，如图 10-63 所示。

图 10-62　　　　　　　　　　　　　　图 10-63

3．混合引用

混合引用是指在一个引用中同时使用绝对引用和相对引用，可以是绝对引用列、相对引用行，也可以是相对引用列、绝对引用行。当公式所在单元格发生改变时，相对引用的部分改变，绝对引用的部分不变。

◎ **原始文件：**实例文件\第10章\原始文件\混合引用.xlsx
◎ **最终文件：**实例文件\第10章\最终文件\混合引用.xlsx

步骤01 输入并复制公式

打开原始文件，❶在单元格 C4 中输入使用了混合引用的公式"=$B4*C$2"，❷用鼠标拖动填充柄，先向下再向右复制公式，如图 10-64 所示。

步骤02 查看复制的公式

❶选中任意一个包含复制公式的单元格，如单元格 E6，❷在编辑栏中可以看到公式变为"=$B6*E$2"，如图 10-65 所示。

图 10-64　　　　　　　　　　　　　　图 10-65

10.5.5　输入函数

函数是用于执行特定计算任务的预定义公式。在公式中输入函数的方法很多，本节将介绍其中较常用的两种方法。

1. 使用对话框插入函数

使用对话框插入函数的方式比较适合初学者。用户可以在对话框中搜索函数或按分类选择函数，查看函数的功能描述，并根据提示设置参数，这有助于减少差错。

◎ **原始文件：** 实例文件\第10章\原始文件\使用对话框插入函数.xlsx
◎ **最终文件：** 实例文件\第10章\最终文件\使用对话框插入函数.xlsx

步骤01 单击"插入函数"按钮

打开原始文件，❶选中要插入函数的单元格 C7，❷在"公式"选项卡下的"函数库"组中单击"插入函数"按钮，如图 10-66 所示。

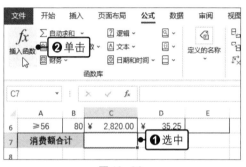

图 10-66

步骤02 选择函数

弹出"插入函数"对话框，❶在"搜索函数"文本框中输入关键词"求和"，❷单击"转到"按钮，❸在"选择函数"列表框中单击"SUM"选项，如图 10-67 所示。

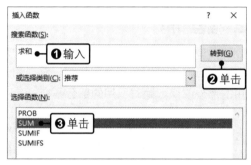

图 10-67

步骤03 设置函数参数

单击"确定"按钮后，弹出"函数参数"对话框，将"Number1"设置为"C2:C6"，如图 10-68 所示。

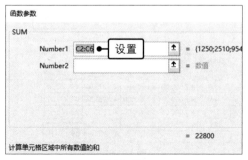

图 10-68

步骤04 显示函数计算结果

单击"确定"按钮后返回工作表，可以在单元格 C7 中看到计算出的消费额合计值，如图 10-69 所示。

年龄（岁）	人数	消费额	人均消费额	人均消费额排行
5~15	60	¥ 1,250.00	¥ 20.83	
16~22	125	¥ 2,510.00	¥ 20.08	
23~35	240	¥ 9,540.00	¥ 39.75	
36~55	180	¥ 6,680.00	¥ 37.11	
≥56	80	¥ 2,820.00	¥ 35.25	
消费额合计		¥22,800.00		

图 10-69

2. 直接输入函数

如果已经知道要使用哪个函数，可直接在单元格中输入函数名，然后根据屏幕提示为函数设置参数。

步骤01 输入并选择函数

打开原始文件，❶在单元格 E2 中输入 "=RA"，单元格下方会自动列出以 "RA" 开头的函数，❷单击 "RANK" 选项，如图 10-70 所示。

图 10-70

步骤02 输入函数的参数值

将完整的函数名输入到单元格中后，会显示函数参数的提示信息，按照提示输入各项参数值及函数末尾的右括号，如图 10-71 所示。

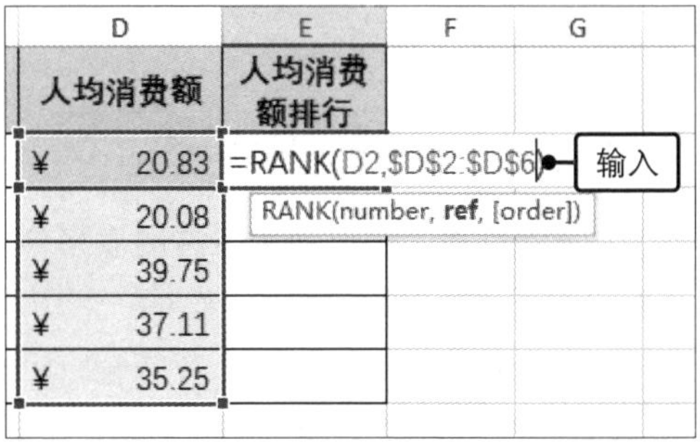

图 10-71

步骤03 查看函数的计算结果

按〈Enter〉键确认，计算出当前单元格的排名，用鼠标向下拖动填充柄复制公式，可计算出其他排名，如图 10-72 所示。

	A	B	C	D	E
1	年龄（岁）	人数	消费额	人均消费额	人均消费额排行
2	5～15	60	¥ 1,250.00	¥ 20.83	4
3	16～22	125	¥ 2,510.00	¥ 20.08	5
4	23～35	240	¥ 9,540.00	¥ 39.75	1
5	36～55	180	¥ 6,680.00	¥ 37.11	2
6	≥56	80	¥ 2,82	计算结果 29	3
7	消费额合计		¥ 22,800.00		
8					
9					

图 10-72

数据可视化

第11章

通过图表来分析数据可以更直观地展示数据，更有利于理解数据。为了让创建的图表正确、完整且清晰地表达源数据，还需要了解图表的一些基本操作，如创建图表、更改图表类型、设置图表样式等。

11.1 创建和更改图表

在 Excel 中，可以使用多种图表来分析数据。完成图表的创建后，还可以对图表的类型和数据源等进行设置。

11.1.1 创建图表

在 Excel 中编辑好源数据后，就可以根据这些数据轻松地创建一些简单的图表，下面介绍具体的操作方法。

◎ **原始文件：** 实例文件\第11章\原始文件\创建图表.xlsx
◎ **最终文件：** 实例文件\第11章\最终文件\创建图表.xlsx

步骤01 选择图表类型

打开原始文件，选择单元格区域 A2:D6，在"插入"选项卡下单击"图表"组中的对话框启动器，打开"插入图表"对话框，❶在"所有图表"选项卡下单击"条形图"选项，❷在右侧的面板中单击"堆积条形图"选项，如图 11-1 所示。

步骤02 显示创建的图表

单击"确定"按钮，返回工作表，此时工作表中根据所选单元格数据和图表类型生成了一个默认效果的堆积条形图，如图 11-2 所示。

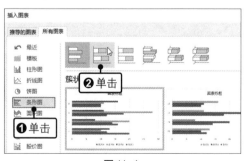

图 11-1

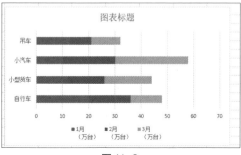

图 11-2

在 Excel 中有多种可供选择的图表类型，可根据数据的特点选择最适合的图表类型，下面简单介绍几种常用图表的特点和使用范围。

柱形图：用柱形的长度描述数据的大小或差异的图表，常用于分析不同类型、不同系列数据的关系。

折线图：用直线段将各数据点连接起来而组成的图表，常用于分析数据随时间的变化趋势。

饼图：用各扇形的面积表示部分，用整个圆表示整体的图表，可反映某一扇形面积占整体的比例，常用于分析百分比构成情况。

条形图：以水平放置的条形来表示数据点，以条形的长度表示数据大小的图表，常用于分析不同类型、不同时期数据的大小关系。

面积图：用折线和分类轴组成的面积及两条折线之间的面积显示数据系列值的图表，具有折线图的特点，常用于分析数据随时间的变化情况，以及利用数据的面积显示部分与整体的关系。

散点图：通过在二维坐标系中绘制数据点来表示两个变量之间的关系，每个数据点代表一对横、纵坐标值，多用于分析数据的变化趋势或相关性。

11.1.2　更改图表类型

当已有的图表无法满足某个指定的数据分析需求时，可使用更改图表类型功能将已经创建的图表更改为其他合适的图表类型。

◎ **原始文件：** 实例文件\第11章\原始文件\更改图表类型.xlsx
◎ **最终文件：** 实例文件\第11章\最终文件\更改图表类型.xlsx

步骤01 **利用 AI 工具获取建议**

在更改图表类型时，如果不确定选择哪种图表，可以让 AI 工具为我们提供一些建议。以文心一言为例，打开文心一言页面（https://yiyan.baidu.com/），进行如下对话。

💬 我需要你扮演一名资深的数据分析师。现在有一份数据表格，包含 1 ~ 3 月中 4 种商品的月度销量。我想通过绘制图表比较这 4 种商品月度销量的变化，请问应该使用什么类型的图表？

🤖 作为资深的数据分析师，面对这样的数据需求，我会推荐您使用柱状图或折线图来比较这 4 种商品在 1 ~ 3 月中的月度销量变化。

首先，让我们来详细讨论一下这两种图表的优缺点：

1. **柱状图**（Bar Chart）：

●优点：柱状图能够清晰地展示每个商品每个月的销量数据，方便直接比较同一月份不同商品之间的销量差异。

- 缺点：在展示时间序列（如月度变化）的连续性和趋势方面，柱状图可能不如折线图直观。

2. **折线图（Line Chart）：**
- 优点：折线图能够很好地展示随时间（月份）变化，每种商品销量的变化趋势，适合用来分析销量的增长或减少情况。
- 缺点：与柱状图相比，折线图在展示具体销量数值方面可能不那么直观。

针对您的具体需求，我给出以下建议：
- 如果您主要关注的是同一月份内不同商品之间的销量对比，那么柱状图会是一个好选择。您可以设置横轴为月份，纵轴为销量，每个商品用不同的颜色或图案的柱子表示，这样就可以方便地比较同一月份内不同商品的销量。
- 如果您更关心每种商品销量的月度变化趋势，那么折线图将更适合您。您同样可以设置横轴为月份，纵轴为销量，但这次每种商品将用一条折线表示，折线的起伏变化将直观地展示销量的增减情况。

在实际应用中，您还可以考虑使用组合图表（如柱状图和折线图的组合），这样既可以展示同一月份内不同商品之间的销量对比，又可以清晰地看到每种商品销量的月度变化趋势。不过，具体选择哪种图表类型，还需要根据您的数据特点、分析目的以及受众的偏好来决定。

步骤02 单击"更改图表类型"按钮

根据 AI 建议，这里选择将图表更改为柱形图。打开原始文件，❶选中图表，❷切换至"图表工具 - 设计"选项卡，❸单击"更改图表类型"按钮，如图 11-3 所示。

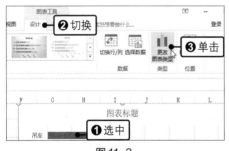

图 11-3

步骤04 更改图表类型的效果

返回工作表，可以看到选中的堆积条形图已更改为簇状柱形图，如图 11-5 所示。

步骤03 选择图表类型

弹出"更改图表类型"对话框，❶在左侧的列表中单击"柱形图"选项，❷在右侧的面板中单击"簇状柱形图"选项，如图 11-4 所示，然后单击"确定"按钮。

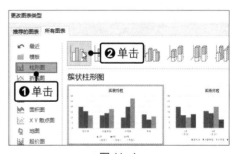

图 11-4

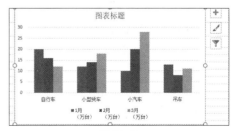

图 11-5

11.1.3 更改图表数据源

如果需要添加、删除数据或更改图表行列来满足图表的分析要求，可通过更改图表数据源来实现。具体操作方法如下。

1. 切换图表的行列

为了从多个角度分析图表，可以切换图表中的行列。在 Excel 中，既可以通过单击"数据"组中的"切换行/列"按钮，也可以通过单击"数据"组中的"选择数据"按钮，在弹出的"选择数据源"对话框中单击"切换行/列"按钮来切换行列。

◎ **原始文件：** 实例文件\第11章\原始文件\切换图表的行列.xlsx
◎ **最终文件：** 实例文件\第11章\最终文件\切换图表的行列.xlsx

步骤01 **切换行列**

打开原始文件，❶选中图表，❷在"图表工具 - 设计"选项卡下单击"数据"组中的"切换行/列"按钮，如图 11-6 所示。

步骤02 **切换行列的效果**

此时可看到图表的图例项和水平轴标签进行了交换，效果如图 11-7 所示。

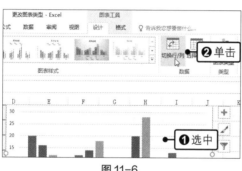

图 11-6

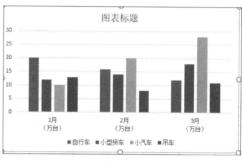

图 11-7

2. 重新选择图表的数据源

当图表中的数据增加或减少时，为了满足分析需求，可重新选择图表的数据源。

◎ **原始文件：** 实例文件\第11章\原始文件\重新选择图表的数据源.xlsx
◎ **最终文件：** 实例文件\第11章\最终文件\重新选择图表的数据源.xlsx

步骤01 **单击"选择数据"按钮**

打开原始文件，在数据表中添加"摩托车"的订单量数据，❶选中图表，❷在"图表工具 - 设计"选项卡下单击"数据"组中的"选择数据"按钮，如图 11-8 所示。

步骤02 **更改图表数据区域**

弹出"选择数据源"对话框，❶在"图表数据区域"文本框中更改数据区域，❷然后单击"确定"按钮，如图 11-9 所示。

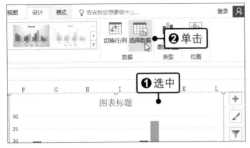

图 11-8

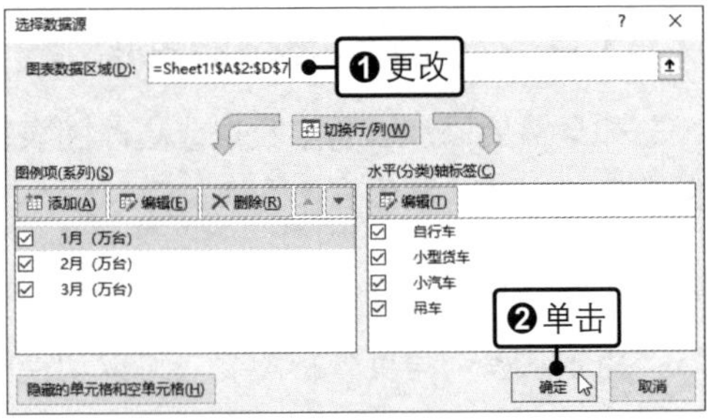

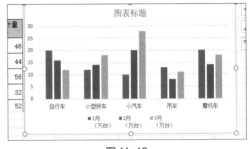

图 11-9

步骤03　更改图表数据源的效果

返回工作表，可看到图表中增加了"摩托车"数据系列，如图 11-10 所示。

图 11-10

11.1.4　移动图表的位置

创建好图表后，如果要将图表移动到其他工作表中，可通过 Excel 的移动图表功能来实现。

◎ **原始文件：** 实例文件\第11章\原始文件\移动图表的位置.xlsx
◎ **最终文件：** 实例文件\第11章\最终文件\移动图表的位置.xlsx

步骤01　单击"移动图表"按钮

打开原始文件，❶选择要移动的图表，❷在"图表工具 - 设计"选项卡下单击"位置"组中的"移动图表"按钮，如图 11-11 所示。

步骤02　选择放置图表的位置

弹出"移动图表"对话框，❶设置"对象位于"为"Sheet3"，❷然后单击"确定"按钮，如图 11-12 所示。

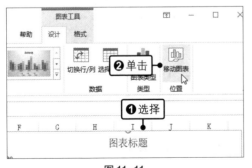

图 11-11

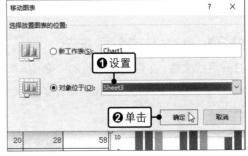

图 11-12

步骤03 移动图表位置的效果

返回工作表，此时图表已被移动到所选工作表中，如图 11-13 所示。

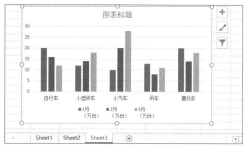

图 11-13

11.2 添加图表元素

在 Excel 中创建的图表通常会自动套用系统预设的图表布局。为了更准确地传达信息并增强图表的可读性，可以手动设置图表标题、坐标轴标题、图例和数据标签等内容。

11.2.1 设置图表标题

如果已有的图表没有标题，或是默认的图表标题难以满足实际的数据分析需求，此时就需要设置图表标题。

◎ **原始文件：**实例文件\第11章\原始文件\设置图表标题.xlsx
◎ **最终文件：**实例文件\第11章\最终文件\设置图表标题.xlsx

步骤01 选择要设置标题的图表

打开原始文件，选中要设置标题的图表，如图 11-14 所示。

步骤02 设置图表标题位置

❶单击"图表工具 - 设计"选项卡下"图表布局"组中的"添加图表元素"按钮，❷在展开的级联列表中单击"图表标题→图表上方"选项，如图 11-15 所示。

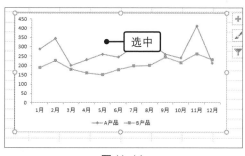

图 11-14

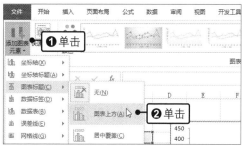

图 11-15

步骤03 输入图表标题

此时图表上方添加了一个"图表标题"占位符，在占位符中输入图表的标题"产品销售利润趋势图"，如图 11-16 所示。

选中图表标题占位符，❶单击"开始"选项卡下"字体"组中"字体"右侧的下拉按钮，❷在展开的下拉列表中选择字体为"黑体"，如图 11-17 所示。

步骤 05 设置图表标题字号

❶单击"开始"选项卡下"字体"组中"字号"右侧的下拉按钮，❷在展开的下拉列表中选择"20"磅，如图 11-18 所示。

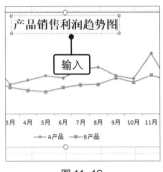

图 11-16

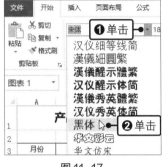

图 11-17

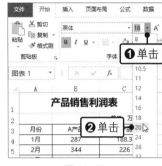

图 11-18

步骤 06 设置字体颜色

❶单击"开始"选项卡下"字体"组中"字体颜色"右侧的下拉按钮，❷在展开的下拉列表中选择标题字体颜色为"红色"，如图 11-19 所示。

步骤 07 查看设置后的图表标题

通过上述设置，得到的图表标题效果如图 11-20 所示。

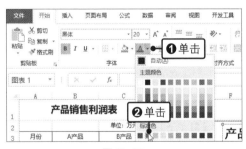

图 11-19

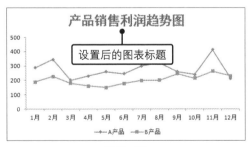

图 11-20

11.2.2 设置坐标轴标题

默认情况下创建的图表，不会显示坐标轴标题，但为了让观者能够体会图表所表达的含义，很多时候需要将坐标轴标题显示出来，并适当设置其格式。

◎ **原始文件：** 实例文件\第11章\原始文件\设置坐标轴标题.xlsx
◎ **最终文件：** 实例文件\第11章\最终文件\设置坐标轴标题.xlsx

步骤 01　选择添加主要横坐标轴标题

打开原始文件,选中图表,❶单击"图表工具 - 设计"选项卡下"图表布局"组中的"添加图表元素"按钮,❷在展开的级联列表中单击"坐标轴标题→主要横坐标轴"选项,如图11-21所示。

步骤 02　选择添加主要纵坐标轴标题

❶再次单击"添加图表元素"按钮,❷在展开的级联列表中单击"坐标轴标题→主要纵坐标轴"选项,如图11-22所示。

步骤 03　设置坐标轴标题

此时在图表中可看到添加的横、纵坐标轴占位符,分别输入横、纵坐标轴标题为"月份""单位:万元",效果如图11-23所示。

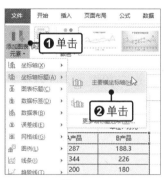

图 11-21

图 11-22

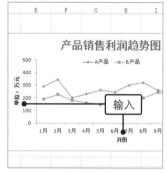

图 11-23

11.2.3　显示与设置图例

在 Excel 的图表中显示图例,可以使图表数据更易于理解。如果要突出显示图表的图例,可以对图例的格式进行设置。

◎ **原始文件:** 实例文件\第11章\原始文件\显示与设置图例.xlsx
◎ **最终文件:** 实例文件\第11章\最终文件\显示与设置图例.xlsx

步骤 01　设置图例位于顶部

打开原始文件,选中图表,❶单击"图表工具 - 设计"选项卡下"图表布局"组中的"添加图表元素"按钮,❷在展开的级联列表中单击"图例→顶部"选项,如图11-24所示。

步骤 02　单击"更多图例选项"选项

❶再次单击"添加图表元素"按钮,❷在展开的级联列表中单击"图例→更多图例选项"选项,如图11-25所示。

步骤 03　选择填充方式

❶在打开的"设置图例格式"窗格中单击"填充与线条"选项,❷单击"填充"组中的"图案填充"单选按钮,❸在展开的"图案"列表中选择合适的图案样式,如图11-26所示。

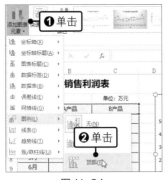

图 11-24

图 11-25

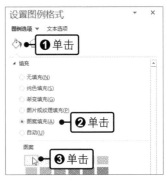

图 11-26

步骤 04 选择图案前景色和背景色

❶设置前景为"浅绿色"，❷设置背景为"橙色"，如图 11-27 所示。

步骤 05 选择边框颜色

单击"边框"选项，❶选择边框样式，如单击"实线"单选按钮，❷接着在"颜色"下拉列表中设置实线的颜色，如选择"绿色"，如图 11-28 所示。

步骤 06 显示图例效果

设置完毕后，返回工作表中，此时可看到图例已经显示在图表上方，效果如图 11-29 所示。

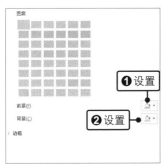

图 11-27

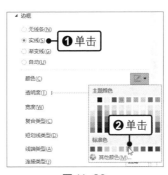

图 11-28

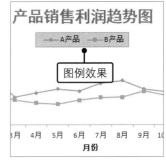

图 11-29

11.2.4 设置数据标签

Excel 提供了强大的数据标签功能，用户可以设置显示引导线、更改数据标签的形状以及为重要的数据添加标注等，下面就通过实例详细介绍这些功能。

1. 显示引导线

当图表中的数据系列过多时，用户可以设置显示引导线，将数据标签与其对应的数据点相连接，达到一目了然的效果。

◎ **原始文件：** 实例文件\第11章\原始文件\各种职称教师人数结构图.xlsx
◎ **最终文件：** 实例文件\第11章\最终文件\显示引导线.xlsx

步骤 01 选中图表

打开原始文件，选择工作表中的图表，如图 11-30 所示。

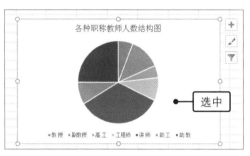

图 11-30

步骤 02 选择其他数据标签选项

切换至"图表工具 - 设计"选项卡，❶单击"图表布局"组中的"添加图表元素"按钮，❷在展开的级联列表中单击"数据标签→其他数据标签选项"，如图 11-31 所示。

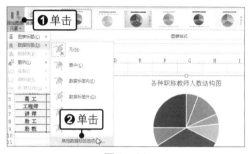

图 11-31

步骤 03 设置显示引导线

在展开的"设置数据标签格式"窗格中勾选"百分比"和"显示引导线"复选框，取消勾选"值"复选框，如图 11-32 所示。

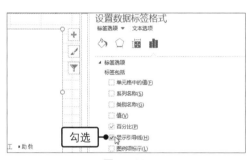

图 11-32

步骤 04 查看引导线

返回工作簿窗口，拖动任意数据标签即可看到引导线，如图 11-33 所示。

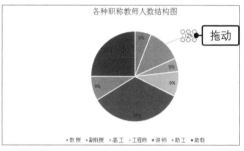

图 11-33

2. 更改数据标签形状

Excel 提供了多种数据标签形状，若对默认的数据标签样式不满意，可以将其更换为其他形状。

◎ **原始文件：** 实例文件\第11章\原始文件\显示引导线.xlsx
◎ **最终文件：** 实例文件\第11章\最终文件\更改数据标签形状.xlsx

步骤 01 更改数据标签形状为椭圆

打开原始文件，❶单击两次要更改形状的数据标签以将其选中，然后单击鼠标右键，❷在弹出的快捷菜单中单击"更改数据标签形状"命令，❸在右侧选择合适的形状，如"椭圆"，如图 11-34 所示。

步骤 02　查看更改形状后的数据标签

此时可看到指定数据标签形状变为椭圆，如图 11-35 所示，若要修改所有数据标签形状，则只需单击任意数据标签，然后执行更改数据标签形状操作即可。

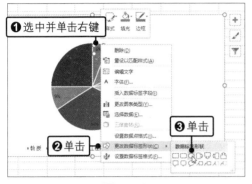

图 11-34

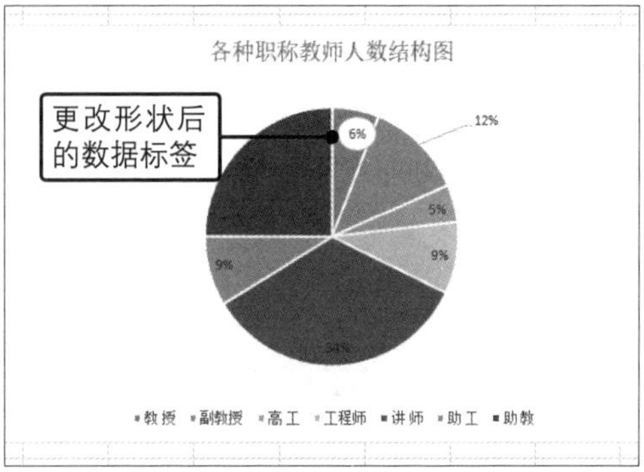

图 11-35

3．为重要数据添加标注

Excel 提供了添加数据标注的功能，它是数据标签功能的一部分，当需要强调图表中的某一部分数据时，可以为其添加标注。

◎ **原始文件：**实例文件\第11章\原始文件\各种职称教师人数结构图.xlsx
◎ **最终文件：**实例文件\第11章\最终文件\为重要数据添加标注.xlsx

步骤 01　选择要添加标注的数据系列

打开原始文件，选择需要添加标注的数据系列，如图 11-36 所示。

步骤 02　选择添加数据标注

❶切换至“图表工具 - 设计”选项卡，单击“图表布局”组中的“添加图表元素”按钮，❷在展开的级联列表中单击“数据标签→数据标注”选项，如图 11-37 所示。

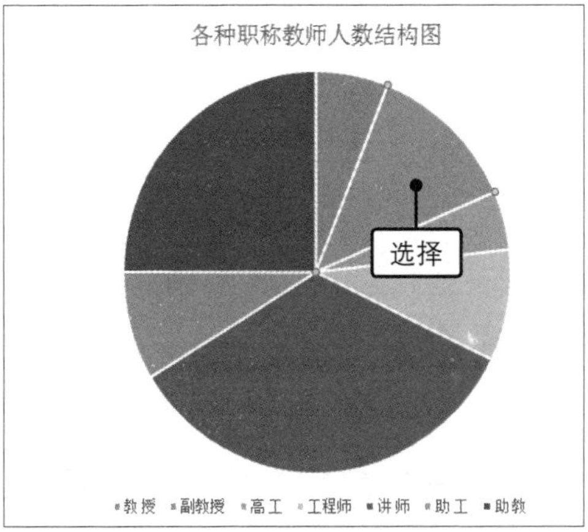

图 11-36

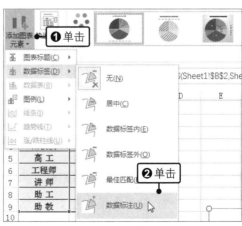

图 11-37

步骤 03 查看添加数据标注后的图表

返回工作簿窗口，可看到添加数据标注后的图表，效果如图 11-38 所示。

图 11-38

11.3 ⯈ 格式化图表

如果要对 Excel 中的图表进行修饰和美化，可以对图表进行格式设置。在设置格式时，可以直接套用预设的图表样式，也可以选择图表中的某一对象后，手动设置其填充颜色、边框样式和形状效果等。

11.3.1 套用图表样式

Excel 预设了多种专业的图表样式，用户直接套用喜欢的样式，既方便又快捷。

◎ **原始文件：** 实例文件\第11章\原始文件\酒厂销售情况图.xlsx
◎ **最终文件：** 实例文件\第11章\最终文件\套用图表样式.xlsx

步骤 01 选中图表

打开原始文件，选中图表，如图 11-39 所示。

步骤 02 展开"图表样式"列表

❶切换至"图表工具 - 设计"选项卡，❷单击"图表样式"组中的快翻按钮，如图 11-40 所示。

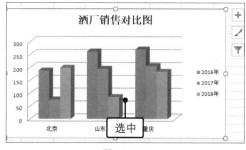

图 11-39

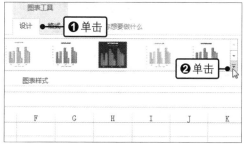

图 11-40

步骤 03 选择图表样式

在展开的列表中选择合适的预设的图表样式，如图 11-41 所示。

步骤 04 应用图表样式后的效果

套用了上一步所选择的图表样式后，得到的图表效果如图 11-42 所示。

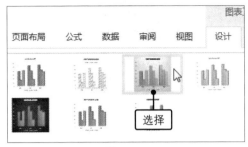

图 11-41

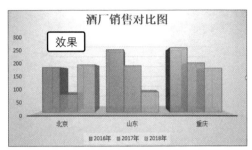

图 11-42

11.3.2 自定义设置图表格式

Excel 提供了自定义设置图表格式的功能，用户可以利用该功能为图表中指定的元素应用自定义的样式，下面介绍具体的操作方法。

◎ **原始文件：** 实例文件\第11章\原始文件\酒厂销售情况图.xlsx
◎ **最终文件：** 实例文件\第11章\最终文件\自定义设置图表格式.xlsx

步骤 01 选中图表

打开原始文件，选中图表，如图 11-43 所示。

步骤 02 为图表区应用形状样式

切换至"图表工具 - 格式"选项卡，单击"形状样式"组的快翻按钮，在展开的列表中选择合适的形状样式，如图 11-44 所示。

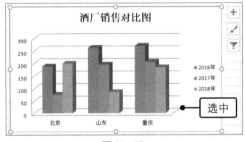

图 11-43

图 11-44

步骤 03 选择主要垂直轴网格线

切换至"图表工具 - 格式"选项卡，❶单击"当前所选内容"组中"图表元素"右侧的下拉按钮，❷在展开的下拉列表中选择图表元素，如选择"垂直（值）轴主要网格线"选项，如图 11-45 所示。

步骤 04 添加橙色形状轮廓

❶单击"形状轮廓"右侧的下拉按钮，❷在展开的下拉列表中选择轮廓颜色，如"橙色"，如图 11-46 所示。

步骤 05 **查看调整图表区和网格线后的图表**

此时可看到调整图表区和网格线后的图表效果，如图 11-47 所示。

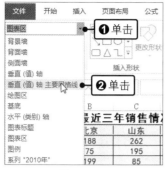

图 11-45

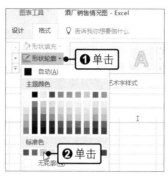

图 11-46

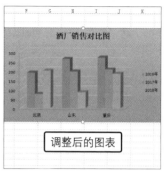

图 11-47

步骤 06 **选择艺术字样式**

选中图表标题，在"开始"选项卡下的"字体"组中更改字体为"黑体"，然后在"图表工具 - 格式"选项卡下单击"艺术字样式"组中的快翻按钮，在展开的列表中选择合适的艺术字样式，如图 11-48 所示。

步骤 07 **查看设置后的标题效果**

对标题应用指定艺术字样式后的效果如图 11-49 所示。

图 11-48

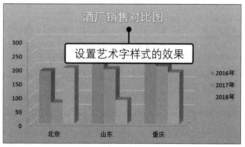

图 11-49

第12章

PowerPoint 的基本操作

PowerPoint 是用于制作和放映演示文稿的组件，在会议、培训、演讲中有广泛应用。它可以制作出包含文本、图片、音频、视频等丰富内容的幻灯片，还能通过添加动画效果和切换效果来让演示内容更吸引眼球。

12.1 新建与管理幻灯片

新建和管理幻灯片是制作演示文稿的基本操作，主要包括新建空白演示文稿、插入幻灯片、更改幻灯片版式、移动与复制幻灯片等。

12.1.1 利用 AI 工具生成幻灯片

制作演示文稿通常需要先拟定大纲，再根据大纲创建幻灯片。如今，我们可以借助先进的 AI 技术将冗长的文档梳理成简洁的大纲，并自动生成幻灯片，从而大大提高效率。

◎ **原始文件：**实例文件\第12章\原始文件\AI与医疗.docx
◎ **最终文件：**实例文件\第12章\最终文件\AI与医疗.docx、AI与医疗.pptx

步骤01 登录账户

安装好 iSlide，启动 PowerPoint，弹出"密码登录"对话框，❶根据提示输入信息，❷单击"登录"按钮，如图 12-1 所示。

步骤02 选择"导入文档生成"

登录成功后，弹出"iSlide AI"对话框，单击对话框中的"导入文档生成"选项，如图 12-2 所示。

图 12-1

图 12-2

步骤03　单击"点击选择"选项

单击"iSlide AI"对话框下方的"点击选择"选项，如图 12-3 所示。

步骤04　选择并上传文档

弹出"打开"对话框，❶选中需要生成演示文稿的文档，❷单击"打开"按钮，如图 12-4 所示。

图 12-3

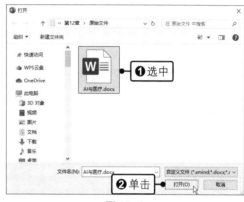

图 12-4

步骤05　生成大纲

iSlide AI 会自动解析并总结文档内容，❶生成完整的大纲，包括章节标题、页面标题、内容标题等层级，❷单击"保存"按钮可保存大纲，如图 12-5 所示。

步骤06　单击"生成 PPT"按钮

如需使用此大纲生成 PPT，单击大纲下方的"生成 PPT"按钮，如图 12-6 所示。若要手动修改大纲，可单击"编辑"按钮。

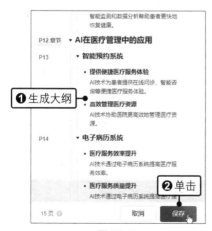

图 12-5

图 12-6

步骤07 生成演示文稿

稍等片刻，iSlide AI 会根据大纲创作一份图文并茂的演示文稿，如图 12-7 所示。AI 自动创作的演示文稿在设计风格、排版样式等方面不一定能满足要求，此时我们需要基于步骤 05 生成的大纲手动制作演示文稿，下面几节会讲解具体操作。

图 12-7

12.1.2 新建空白演示文稿

新建空白演示文稿是 PowerPoint 中最基本的操作，新建的空白演示文稿默认自带一张幻灯片。

◎ **原始文件：** 无
◎ **最终文件：** 实例文件\第12章\最终文件\新建空白演示文稿.pptx

步骤01 新建空白演示文稿

启动 PowerPoint，在开始屏幕中单击右侧面板中的"空白演示文稿"图标，如图 12-8 所示。

图 12-8

步骤02 查看新建空白演示文稿的效果

此时创建了一个默认版式的空白演示文稿，并且自动命名为"演示文稿 1"，如图 12-9 所示。

图 12-9

> 🖥 **提示**
>
> 　　在 PowerPoint 中不仅可以创建空白的演示文稿，还可以创建基于模板的演示文稿。PowerPoint 提供了许多演示文稿模板。执行"文件→新建"命令，在右侧面板中双击需要的模板，即可下载并打开所选模板，再在此基础上创建演示文稿。

12.1.3 插入新的幻灯片

　　一个演示文稿通常包含多张幻灯片，但新建的空白演示文稿中只有一张幻灯片，难以满足需求，于是就需要插入更多不同版式的幻灯片。

◎ **原始文件:** 实例文件\第12章\原始文件\插入新的幻灯片.pptx
◎ **最终文件:** 实例文件\第12章\最终文件\插入新的幻灯片.pptx

步骤01 选择版式

打开原始文件,选中第2张幻灯片,❶在"开始"选项卡下单击"幻灯片"组中的"新建幻灯片"下拉按钮,❷在展开的列表中单击"仅标题"选项,如图12-10所示。

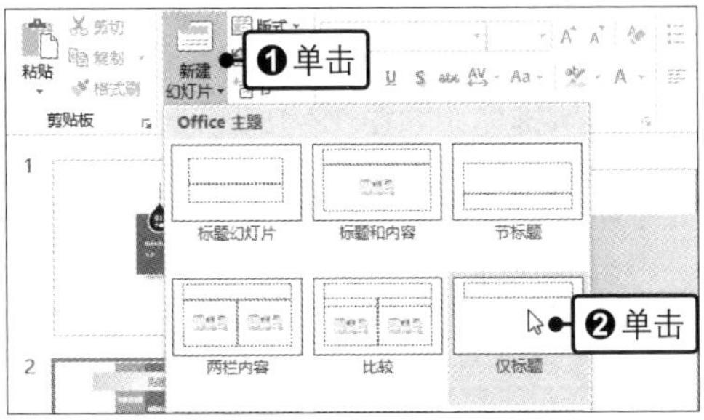

步骤02 新建幻灯片的效果

此时在第2张幻灯片后新建了一个版式为"仅标题"的幻灯片,如图12-11所示。

图 12-10

图 12-11

12.1.4 更改幻灯片版式

如果应用了某版式的幻灯片的布局不符合演示需求,还可以为其更换版式。

◎ **原始文件:** 实例文件\第12章\原始文件\更改幻灯片版式.pptx
◎ **最终文件:** 实例文件\第12章\最终文件\更改幻灯片版式.pptx

步骤01 选择版式

打开原始文件,选中第2张幻灯片,❶单击"幻灯片"组中的"版式"按钮,❷在展开的列表中单击"标题和内容"选项,如图12-12所示。

步骤02 更改版式的效果

更改幻灯片版式的效果如图12-13所示。可以看到,图中的标题和内容的位置和样式均按照所选版式进行了相应更改。

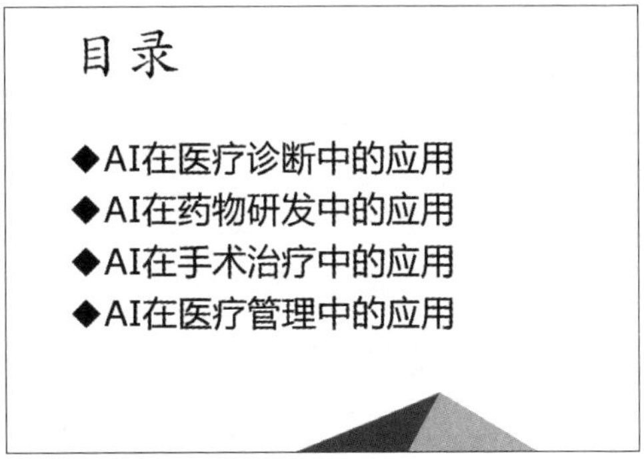

图 12-12

图 12-13

12.1.5 移动与复制幻灯片

移动幻灯片可以调整幻灯片的顺序，而复制幻灯片可以减少重复制作相似幻灯片的时间。

◎ **原始文件：** 实例文件\第12章\原始文件\移动与复制幻灯片.pptx
◎ **最终文件：** 实例文件\第12章\最终文件\移动与复制幻灯片.pptx

步骤01 移动幻灯片

打开原始文件，根据内容的需要，选中第3张幻灯片，并将其拖动至第1张幻灯片后，如图12-14所示。

步骤02 移动幻灯片的效果

释放鼠标，即可将第3张幻灯片移动到第2张幻灯片的位置上，相应幻灯片的序号自动重新排列，如图12-15所示。

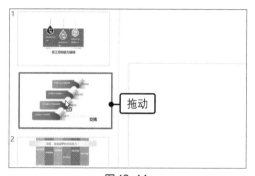

图12-14

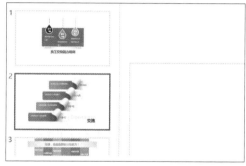

图12-15

步骤03 复制幻灯片

❶选中并使用鼠标右键单击幻灯片窗格中的第4张幻灯片，❷在弹出的快捷菜单中单击"复制"命令，如图12-16所示。

步骤04 粘贴幻灯片

❶在要复制到的目标位置单击鼠标右键，❷在弹出的快捷菜单中单击"粘贴选项"组中的"保留源格式"按钮，如图12-17所示。

图12-16

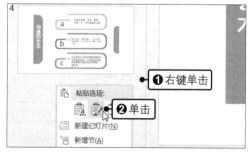

图12-17

步骤05 复制幻灯片的效果

此时复制了一张和第4张幻灯片一样的幻灯片，系统自动编号为"5"，如图12-18所示。

可根据需要保留幻灯片的样式并对幻灯片中的内容稍作修改，即可快速创建一张美观的幻灯片，如图 12-19 所示。

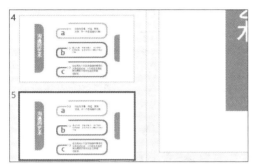
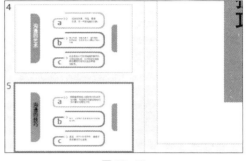

图 12-18 图 12-19

12.2 编辑幻灯片的内容

幻灯片中常用的内容有文本、图片、图形、表格和图表等，用户可以根据实际需要将这些内容添加到幻灯片中，以获得画面更加丰富的幻灯片效果。

12.2.1 在幻灯片中输入文本

在幻灯片中，可以直接通过标题占位符和文本占位符输入文本，也可以通过插入文本框来输入并编辑文本。此外，如果对幻灯片中的文本内容不太满意，还可以利用 AI 工具对文本进行精简、润饰或扩写，进一步优化文本。

◎ **原始文件：** 实例文件\第12章\原始文件\在幻灯片中输入文本.pptx
◎ **最终文件：** 实例文件\第12章\最终文件\在幻灯片中输入文本.pptx

步骤01 选择插入的文本框类型

打开原始文件，❶选中第 3 张幻灯片，❷在"插入"选项卡下单击"文本"组中"文本框"的下拉按钮，❸在展开的列表中单击"绘制横排文本框"按钮，如图 12-20 所示。

步骤02 绘制文本框

将鼠标指针移至幻灯片中的适当位置，按住鼠标左键，拖动绘制所需大小的文本框，如图 12-21 所示。

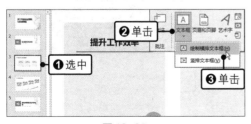

图 12-20

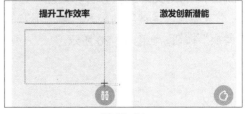

图 12-21

步骤03 输入文本

释放鼠标左键，完成文本框的绘制，在其中输入需要的文本，如图 12-22 所示。

图 12-22

步骤05 选择"精简文本"选项

弹出"iSlide AI"对话框，❶在下方的文本框中单击，❷在弹出的列表中单击"精简文本"选项，如图 12-24 所示。

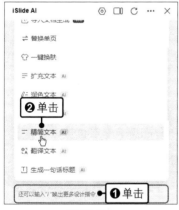

图 12-24

步骤07 通过 AI 精简文本

iSlide AI 将对文本进行分析和处理，生成一个更简洁、更精练的版本，单击下方的"替换"按钮，如图 12-26 所示。

步骤04 启动 iSlide AI

❶选中输入的文本，❷切换至"iSlide"选项卡，❸单击"AI"组中的"iSlide AI"按钮，如图 12-23 所示。

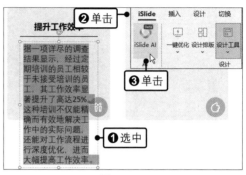

图 12-23

步骤06 单击"发送"消息

此时会自动将选中的文本添加到文本框中，只需单击右侧的"发送"按钮，如图 12-25 所示，发送消息。

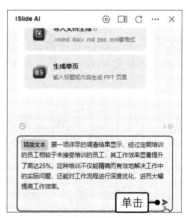

图 12-25

图 12-26

步骤08 **替换文本效果**

使用生成的更精练的文本内容替换原输入的文本，选中替换后的文本，如图 12-27 所示。

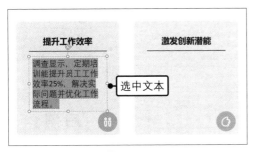

图 12-27

步骤09 **设置字体和字号**

❶在"开始"选项卡下"字体"组中设置字体为"微软雅黑"，❷设置字号为12，❸更改字体和字号后的效果如图 12-28 所示。

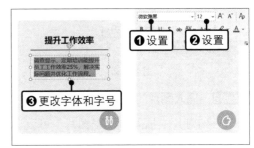

图 12-28

步骤10 **设置行距**

❶单击"段落"组中的"行距"按钮，❷在展开的列表中单击"1.5"选项，❸更改文本行间距，如图 12-29 所示。

图 12-29

步骤11 **添加更多文本效果**

采用相同的方法，在右侧绘制更多文本框，添加更多的文本，如图 12-30 所示。

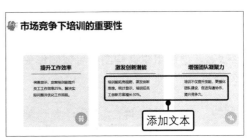

图 12-30

12.2.2　在幻灯片中插入图片

在幻灯片中插入与主题相符的图片，不仅可以辅助说明幻灯片的文本内容，还能有效地缓解幻灯片的单调感，使幻灯片更加生动。

　◎　**原始文件：** 实例文件\第12章\原始文件\在幻灯片中插入图片.pptx、图片1.jpg
　◎　**最终文件：** 实例文件\第12章\最终文件\在幻灯片中插入图片.pptx

步骤01 **插入图片**

打开原始文件，❶选中第 1 张幻灯片，❷在"插入"选项卡下单击"图像"组中的"图片"按钮，如图 12-31 所示。

步骤02 **选择图片**

弹出"插入图片"对话框，❶选中需要的图片，❷单击"插入"按钮，如图 12-32 所示。

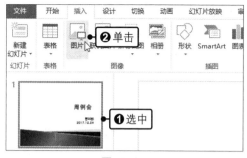

图 12-31

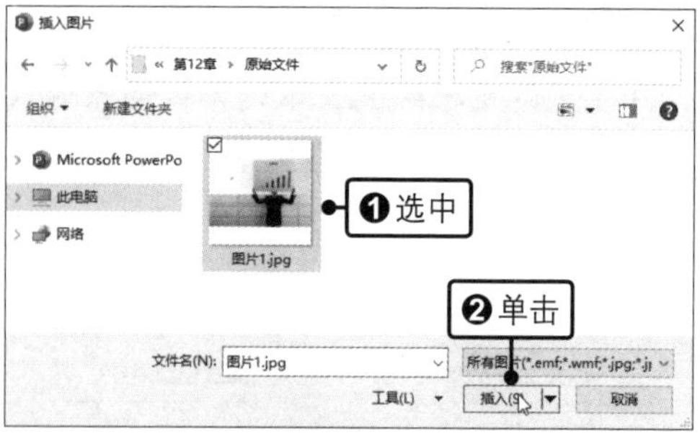

图 12-32

步骤03 插入图片的效果

此时在幻灯片中插入了一张图片，可以适当调整图片大小和位置，使幻灯片的内容更加美观，如图 12-33 所示。

图 12-33

12.2.3 在幻灯片中插入自选图形

自选图形是一个个样式各异的形状，除了基本的矩形和椭圆外，还包括箭头及流程形状等，通过组织这些图形可以制作关系图，也可以将其中的单个形状作为文本的项目符号等。

◎ **原始文件：** 实例文件\第12章\原始文件\在幻灯片中插入自选图形.pptx
◎ **最终文件：** 实例文件\第12章\最终文件\在幻灯片中插入自选图形.pptx

步骤01 选择形状

打开原始文件，选中要插入形状的幻灯片，❶在"插入"选项卡下单击"插图"组中的"形状"按钮，❷在展开的形状库中选择"十六角星"样式，如图 12-34 所示。

步骤02 绘制形状

此时鼠标指针呈十字形，按住鼠标左键不放，在适当的位置拖动鼠标绘制形状，如图 12-35 所示。

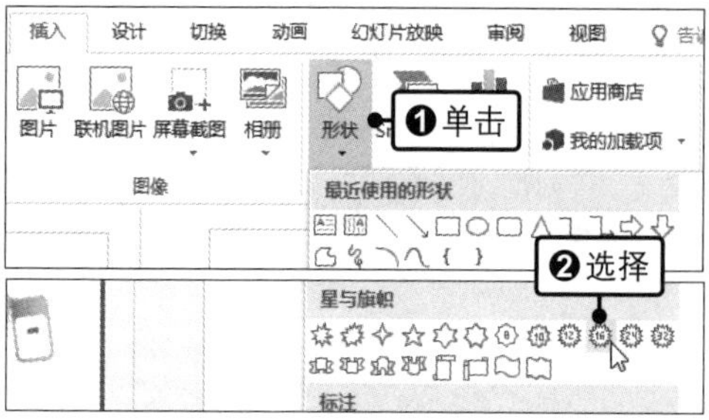

图 12-34

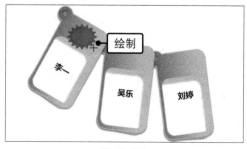

图 12-35

步骤03　复制形状

释放鼠标后，即可完成一个形状的绘制，选中形状，按住〈Ctrl〉键不放，拖动鼠标，如图 12-36 所示。

图 12-36

步骤05　输入文本

❶分别在三个形状中输入"1""2""3"，❷按住〈Ctrl〉键不放，依次单击选中 3 个形状，如图 12-38 所示。

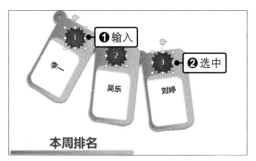

图 12-38

步骤07　套用样式的效果

更改形状样式后的效果如图 12-40 所示。

步骤04　复制形状的效果

拖动至合适位置后释放鼠标，即可复制一个一模一样的形状，采用同样的方法复制第 3 个形状，效果如图 12-37 所示。

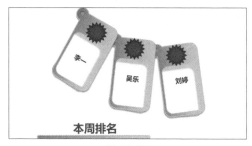

图 12-37

步骤06　选择样式

❶切换到"绘图工具 - 格式"选项卡，单击"形状样式"组中的快翻按钮，❷在展开的库中选择合适的样式，如图 12-39 所示。

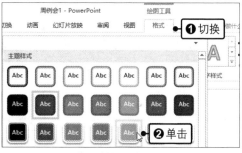

图 12-39

图 12-40

12.2.4　在幻灯片中插入表格

　　在制作一些需要展示数据的演示文稿时，可以在幻灯片中插入表格。表格能将各种数据放置在相应的单元格中，让观众更加清晰直观地查看并理解数据的构成和关系，而且布局美观、样式精美的表格还能增强演示文稿的专业性，丰富幻灯片内容。

◎ **原始文件：** 实例文件\第12章\原始文件\在幻灯片中插入表格.pptx

◎ **最终文件：** 实例文件\第12章\最终文件\在幻灯片中插入表格.pptx

步骤01 插入表格

打开原始文件，选中要插入表格的幻灯片，❶在"插入"选项卡下单击"表格"组中的"表格"按钮，❷在展开的列表中选择表格的行列数，如图 12-41 所示。

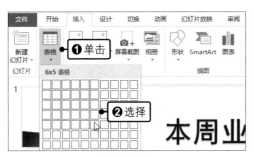

图 12-41

步骤02 插入表格的效果

此时在幻灯片中显示了插入的表格，根据实际需要，在表格中输入相应的内容，如图 12-42 所示。

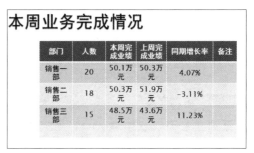

图 12-42

步骤03 设置表格的大小

选中表格，在"表格工具 - 布局"选项卡下的"表格尺寸"组中设置"高度"为"9.2厘米"、"宽度"为"18.4 厘米"，如图12-43 所示。

图 12-43

步骤04 设置表格的对齐方式

❶单击"排列"组中的"对齐"按钮，❷在展开的下拉列表中单击"水平居中"选项，如图 12-44 所示。

图 12-44

步骤05 调整表格的效果

此时，设置好了表格的大小和在幻灯片中的位置，表格更加符合整个幻灯片的布局需要，效果如图 12-45 所示。

本周业务完成情况

部门	人数	本周完成业绩	上周完成业绩	同期增长率	备注
销售一部	20	50.1万元	50.3万元	4.07%	
销售二部	18	50.3万元	51.9万元	-3.11%	
销售三部	15	48.5万元	43.6万元	11.23%	

图 12-45

步骤06　设置表格内容的对齐方式

选中表格，在"对齐方式"组中单击"垂直居中"按钮，如图 12-46 所示，使表格中的文字在单元格中垂直居中。

图 12-46

步骤08　设置后的效果

为表格的第一列应用了底纹样式的效果如图 12-48 所示。

步骤07　设置第一列的特殊格式

在"表格工具 - 设计"选项卡下勾选"表格样式选项"组中的"第一列"复选框，如图 12-47 所示。

图 12-47

本周业务完成情况

部门	人数	本周完成业绩	上周完成业绩	同期增长率	备注
销售一部	20	50.1万元	50.3万元	4.07%	
销售二部	18	50.3万元	51.9万元	-3.11%	
销售三部	15	48.5万元	43.6万元	11.23%	

图 12-48

12.2.5　在幻灯片中插入图表

在幻灯片中插入数据图表能展示数据分析过程和结果。如果想让图表看起来更美观，还可以对图表的布局、大小等做出调整。

◎ **原始文件：** 实例文件\第12章\原始文件\在幻灯片中插入图表.pptx
◎ **最终文件：** 实例文件\第12章\最终文件\在幻灯片中插入图表.pptx

步骤01　插入图表

打开原始文件，选中第 3 张幻灯片，在"插入"选项卡下的"插图"组中单击"图表"按钮，如图 12-49 所示。

图 12-49

步骤02　选择图表类型

在弹出的"插入图表"对话框中选择合适的图表类型，如"簇状柱形图"，如图 12-50 所示。

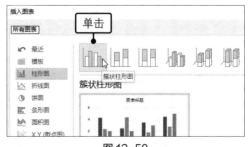

图 12-50

步骤03 插入图表的效果

单击"确定"按钮，此时幻灯片中就会显示创建的图表，如图 12-51 所示。

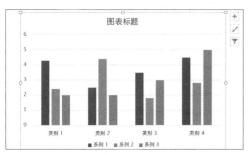

图 12-51

步骤04 编辑数据

在打开的 Excel 工作表窗口中的图表数据区域输入需要的数据，如图 12-52 所示。

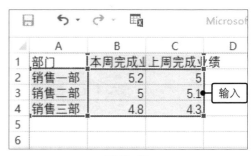

图 12-52

步骤05 设置图表布局

此时图表会根据输入的数据进行相应调整。选中图表，❶在"图表工具 - 设计"选项卡下单击"图表布局"组中的"快速布局"按钮，❷在展开的列表中选择"布局 5"样式，如图 12-53 所示。

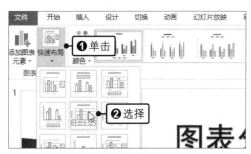

图 12-53

步骤06 调整图表大小

设置图表布局后可以看到，图表中显示了坐标轴标题和数据表等元素，将鼠标指针置于图表右侧，待鼠标指针呈双向箭头形状时，向右拖动鼠标调整图表的宽度，如图 12-54 所示。

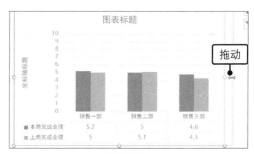

图 12-54

步骤07 完成图表制作的效果

此时就完成了整个图表的插入与设置，显示效果如图 12-55 所示。

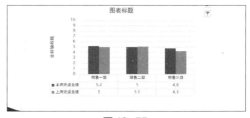

图 12-55

12.3 为幻灯片添加音频和视频

为幻灯片添加音频和视频，不仅能让内容更加丰富和生动，还能从听觉和视觉上给观众带来全方位的感官体验。音频的悦耳旋律可以营造舒适的氛围，而视频的动态画面则能更直观地展示信息，为观众带来沉浸式的观看体验。

12.3.1 添加音频

大多数情况下，为演示文稿添加音频主要是将其作为幻灯片的背景音乐，在制作幻灯片时，可以将保存在计算机中的音频文件添加到幻灯片中。

◎ **原始文件：** 实例文件\第12章\原始文件\插入音频.pptx、音频.mp3
◎ **最终文件：** 实例文件\第12章\最终文件\插入音频.pptx

步骤01 插入 PC 上的音频

打开原始文件，选中第1张幻灯片，❶在"插入"选项卡下单击"媒体"组中的"音频"按钮，❷在展开的列表中单击"PC 上的音频"选项，如图 12-56 所示。

步骤02 选择音频

弹出"插入音频"对话框，❶在音频的存储路径下选中要插入的音频文件，❷单击"插入"按钮，如图 12-57 所示。

图 12-56

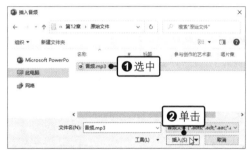

图 12-57

步骤03 插入音频的效果

此时在幻灯片中插入了一个音频图标，单击"播放 / 暂停"按钮，可以播放音频，如图 12-58 所示。

> 🖥 **提示**
>
> 添加音频后，可以单击"音频选项"组中的"音量"按钮，在展开的工具栏中拖动滑块调整音频播放时的音量大小，以免音量过大或过小，影响演示文稿的放映效果。

图 12-58

12.3.2 剪裁音频

剪裁音频主要是为了去除音频文件开头或结尾处不需要的部分，从而精准控制音频播放的内容和时长，确保其与幻灯片内容完美匹配。

◎ **原始文件：** 实例文件\第12章\原始文件\剪裁音频.pptx
◎ **最终文件：** 实例文件\第12章\最终文件\剪裁音频.pptx

步骤01　剪裁音频

打开原始文件，选中音频图标，❶切换到"音频工具 - 播放"选项卡，❷单击"编辑"组中的"剪裁音频"按钮，如图 12-59 所示。

图 12-59

步骤02　剪裁结束时间

弹出"剪裁音频"对话框，向左拖动音频结束时间控制手柄，调整音频的结束时间，以控制音频的播放时间，如图 12-60 所示。

图 12-60

步骤03　剪裁音频的效果

剪裁音频后，可以单击"播放 / 暂停"按钮，如图 12-61 所示，试听剪裁音频后的效果。

图 12-61

12.3.3　添加视频

在幻灯片中除了可以插入音频外，还可以插入视频。一般情况下，如果在计算机中保存有可用的视频，就可以选择插入这些视频。如果计算机中没有可用的视频文件，那么可以在联机视频中寻找满足需要的视频文件。

◎ **原始文件：** 实例文件\第12章\原始文件\添加视频.pptx、种植新品种展示.wmv
◎ **最终文件：** 实例文件\第12章\最终文件\添加视频.pptx

步骤01　插入视频

打开原始文件，选中第 3 张幻灯片，❶在"插入"选项卡下单击"媒体"组中的"视频"按钮，❷在展开的下拉列表中单击"PC 上的视频"选项，如图 12-62 所示。

步骤02　选择视频

弹出"插入视频文件"对话框，❶选择文件的存储路径，❷选择要插入的视频文件"种植新品种展示 .wmv"，❸单击"插入"按钮，如图 12-63 所示。

图 12-62

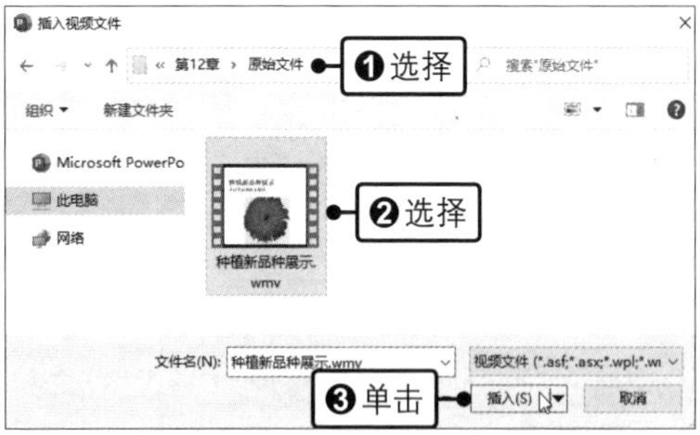

图 12-63

步骤03 插入视频的效果

此时在幻灯片中插入了视频文件。在视频控制条中单击"播放 / 暂停"按钮，如图12-64 所示，可以播放视频。

> 💻 **提示**
>
> 　　在"视频"下拉列表中单击"联机视频"选项，可以插入网络上的视频文件。

图 12-64

12.3.4 调整视频画面效果

　　视频的画面效果直接影响着演示文稿的放映效果，为了实现更好的放映效果，需要对视频文件的画面效果进行设置，如更改画面的亮度和对比度、设置画面的样式等。

◎ **原始文件：** 实例文件\第12章\原始文件\调整视频画面效果.pptx
◎ **最终文件：** 实例文件\第12章\最终文件\调整视频画面效果.pptx

步骤01 设置亮度和对比度

打开原始文件，选中视频文件，❶在"视频工具 - 格式"选项卡下单击"调整"组中的"更正"按钮，❷在展开的列表中单击"亮度：-20% 对比度：+20%"选项，如图 12-65 所示。

步骤02 设置亮度和对比度的效果

设置视频的亮度和对比度后的效果如图12-66 所示。

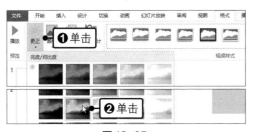

图 12-65

图 12-66

步骤03 套用样式

单击"视频样式"组中的快翻按钮，在展开的库中选择"棱台映像"样式，如图12-67所示。

图 12-67

步骤04 套用样式的效果

为视频套用所选样式后，视频看起来更加美观了，如图12-68所示。

图 12-68

12.4 使用母版统一格式

母版的主要作用就是统一每张幻灯片的格式、背景以及其他美化效果等。母版通常分为三种类型，分别是幻灯片母版、讲义母版和备注母版。

12.4.1 幻灯片母版

幻灯片母版中可以存储多种信息，包括字体、占位符、背景、颜色、主题、效果和动画等，可以根据需要将这些信息插入到幻灯片母版中。

◎ **原始文件：** 实例文件\第12章\原始文件\幻灯片母版.pptx
◎ **最终文件：** 实例文件\第12章\最终文件\幻灯片母版.pptx

步骤01 单击"幻灯片母版"按钮

打开原始文件，切换到"视图"选项卡，单击"母版视图"组中的"幻灯片母版"按钮，如图12-69所示。

图 12-69

步骤02 设置字体

此时打开了"幻灯片母版"选项卡，选择第1张幻灯片，❶在"背景"组中单击"字体"按钮，❷在展开的下拉列表中选择"Office 2007-2010"选项，如图12-70所示。

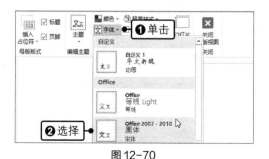
图 12-70

步骤03 设置背景

❶在"背景"组中单击"背景样式"按钮，❷在展开的背景库中选择"样式9"，如图12-71所示。

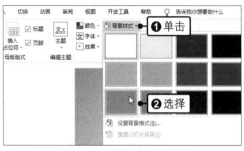

图 12-71

步骤04 关闭母版视图

此时即为母版设置好了字体和背景，在"关闭"组中单击"关闭母版视图"按钮，如图12-72所示。

图 12-72

> 💻 **提示**
>
> 　　为了快速美化母版，也可以在"编辑主题"组中单击"主题"按钮，在展开的下拉列表中为母版选择预设的主题样式。

步骤05 查看设置幻灯片母版的效果

返回普通视图，可以看到演示文稿中的所有幻灯片都应用了母版的字体和背景样式，如图12-73所示。

图 12-73

12.4.2　讲义母版

　　在打印幻灯片时，为了节约纸张，可以使用讲义母版将多张幻灯片排列在一张打印纸中。在讲义母版中还可以对幻灯片的主题、颜色等进行设置。

◎ **原始文件：** 实例文件\第12章\原始文件\讲义母版.pptx
◎ **最终文件：** 实例文件\第12章\最终文件\讲义母版.pptx

步骤01 单击"讲义母版"按钮

打开原始文件，切换至"视图"选项卡，在"母版视图"组中单击"讲义母版"按钮，如图12-74所示。

步骤02 设置幻灯片的数量

打开"讲义母版"选项卡，❶在"页面设置"组中单击"每页幻灯片数量"按钮，❷在展开的下拉列表中单击"3张幻灯片"选项，如图12-75所示。

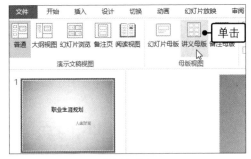

图 12-74

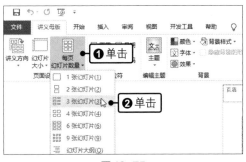

图 12-75

步骤03 查看设置数量后的效果

此时在一个页面中排列了 3 张幻灯片，表示可以这 3 张幻灯片打印在同一张纸上，如图 12-76 所示。

步骤04 设置讲义方向

❶在"讲义母版"选项卡下的"页面设置"组中单击"讲义方向"按钮，❷在展开的下拉列表中单击"横向"选项，如图 12-77 所示。

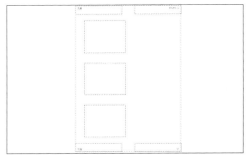

图 12-76

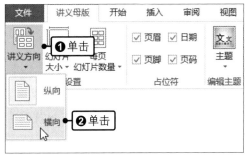

图 12-77

步骤05 关闭母版视图

此时将 3 张幻灯片的布局由纵向变为横向，如图 12-78 所示。如果要退出"讲义母版"视图，可在"关闭"组中单击"关闭母版视图"按钮。

图 12-78

12.4.3 备注母版

备注母版用于自定义演示文稿备注页的排版和打印效果。在备注母版中可以对备注页的页面方向和布局、占位符的位置和格式、主题和背景等进行更改。

◎ **原始文件：** 实例文件\第12章\原始文件\备注母版.pptx
◎ **最终文件：** 实例文件\第12章\最终文件\备注母版.pptx

步骤01 预览备注页效果

打开原始文件，❶在"视图"选项卡下的"演示文稿视图"组中单击"备注页"按钮，进入备注页视图，❷可看到备注页的预览效果，其中位于幻灯片图像下方的是备注，如图12-79所示。

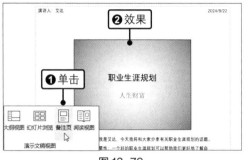

图 12-79

步骤02 进入备注母版视图

在"视图"选项卡下的"母版视图"组中单击"备注母版"按钮，如图12-80所示。

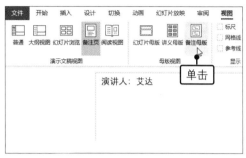

图 12-80

步骤03 设置备注占位符的字体格式

进入备注母版视图，❶选中备注占位符，❷在"开始"选项卡下的"字体"组中设置字体和字号，如图12-81所示。

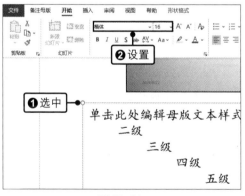

图 12-81

步骤04 退出备注母版视图

❶在"备注母版"选项卡下的"关闭"组中单击"关闭母版视图"按钮，退出备注母版视图，返回备注页视图，❷可以看到更改字体和字号后的备注效果，如图12-82所示。

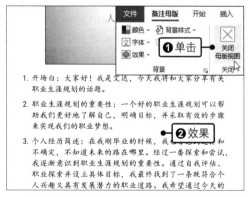

图 12-82

第 13 章

为幻灯片添加动态效果

要让演示文稿更加生动活泼、引人入胜，可为演示文稿添加切换效果和动画效果。切换效果针对的是整张幻灯片，它决定了放映时幻灯片进入屏幕画面的方式。动画效果则是为幻灯片中的文本、图片、形状等对象添加进入、退出、移动等动态效果。PowerPoint 预置了丰富的切换效果和动画效果，用户还可灵活调整效果参数，得到满意的演示文稿。

13.1 应用幻灯片切换效果

幻灯片的切换效果是指在放映演示文稿时，从前一张幻灯片转到下一张幻灯片时呈现的视觉过渡效果。合理运用切换效果可以让演示过程显得流畅和专业，或者增加生动性和趣味性，从而提升演示体验。

13.1.1 添加切换效果

PowerPoint 内置了多种幻灯片切换效果，可根据演示内容、演示目的、观众特点等进行选择和添加。

◎ **原始文件：** 实例文件\第13章\原始文件\添加切换效果.pptx
◎ **最终文件：** 实例文件\第13章\最终文件\添加切换效果.pptx

步骤01 选择切换效果

打开原始文件，选中第 1 张幻灯片，❶切换到"切换"选项卡，单击"切换到此幻灯片"组中的快翻按钮，❷在展开的库中选择"梳理"效果，如图 13-1 所示。

步骤02 预览切换效果

随后界面中会自动进行一次效果预览，如图 13-2 所示。如果想手动进行预览，可以在"切换"选项卡下的"预览"组中单击"预览"按钮。

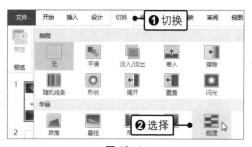

图 13-1

图 13-2

13.1.2　更改切换效果设置

对于已经添加的切换效果，可根据需求更改其设置，包括视觉效果（如运动方向）、声音效果、持续时间等。需要注意的是，不同的切换效果提供的视觉效果选项也不同。

◎ **原始文件：**实例文件\第13章\原始文件\更改切换效果设置.pptx
◎ **最终文件：**实例文件\第13章\最终文件\更改切换效果设置.pptx

步骤01　更改视觉效果

打开原始文件，选中第1张幻灯片，❶在"切换"选项卡下的"切换到此幻灯片"组中单击"效果选项"按钮，❷在展开的列表中选择"垂直"选项，如图13-3所示。

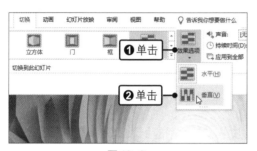

图 13-3

步骤02　更改声音效果

在"计时"组的"声音"下拉列表框中选择一种声音效果，如"抽气"，如图13-4所示。

图 13-4

步骤03　更改持续时间

在"计时"组的"持续时间"数值框中更改切换效果的时长，如增加至2秒，如图13-5所示。

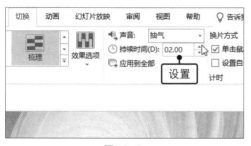

图 13-5

步骤04　预览更改后的切换效果

单击"预览"组中的"预览"按钮，可看到切换方向变为垂直，如图13-6所示。此外，切换过程稍变慢，并伴随着音效。

图 13-6

13.1.3　设置定时自动切换

默认情况下，幻灯片的切换是通过单击鼠标来完成的。此外，PowerPoint还允许用户设置定时自动切换幻灯片。

◎ **原始文件：** 实例文件\第13章\原始文件\设置定时自动切换.pptx
◎ **最终文件：** 实例文件\第13章\最终文件\设置定时自动切换.pptx

步骤01　设置自动切换的时间

打开原始文件，选中第 1 张幻灯片，❶在"切换"选项卡下的"计时"组中勾选"设置自动换片时间"复选框，❷在右侧的数值框中设置时间，如 5 秒，如图 13-7 所示。

步骤02　预览设置效果

按〈F5〉键放映演示文稿，显示第 1 张幻灯片后不做任何操作，等待 5 秒后将自动显示第 2 张幻灯片，如图 13-8 所示。

图 13-7

图 13-8

13.1.4　批量应用切换效果

为一张幻灯片设置好切换效果后，可将该效果（包括相应的设置）批量应用到其他幻灯片上，以获得统一的放映效果。

◎ **原始文件：** 实例文件\第13章\原始文件\批量应用切换效果.pptx
◎ **最终文件：** 实例文件\第13章\最终文件\批量应用切换效果.pptx

步骤01　单击"应用到全部"按钮

打开原始文件，选中第 1 张幻灯片，在"切换"选项卡下可以看到其已设置好切换效果。单击"计时"组中的"应用到全部"按钮，如图 13-9 所示。

步骤02　查看设置效果

选中任意一张其他幻灯片，如第 3 张幻灯片，在"切换"选项卡下可以看到，该幻灯片的切换效果设置与第 1 张幻灯片完全相同，如图 13-10 所示。

图 13-9

图 13-10

13.2 添加动画效果

让幻灯片中的对象动起来的方法就是为对象添加动画效果，包括放映开始时的进入动画效果、观看过程中的强调动画效果，以及完成放映时的退出动画效果等。

13.2.1 添加进入动画效果

当幻灯片中的对象第一次进入观众的视线时，产生的动画效果就是进入动画效果。进入动画效果有很多种，可根据实际需求自由选择。

◎ **原始文件：** 实例文件\第13章\原始文件\添加进入动画效果.pptx
◎ **最终文件：** 实例文件\第13章\最终文件\添加进入动画效果.pptx

步骤01　选择动画效果

打开原始文件，选中第 1 张幻灯片中的标题占位符，❶切换到"动画"选项卡，单击"动画"组中的快翻按钮，❷在展开的库中选择"进入"组中的"翻转式由远及近"选项，如图 13-11 所示。

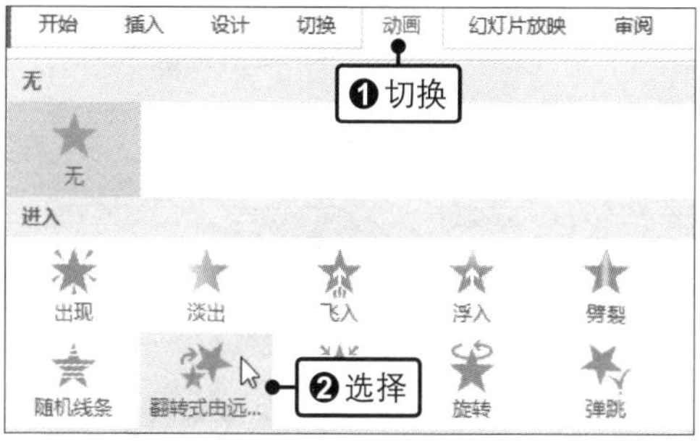

步骤02　查看动画编号

此时，在标题占位符左侧显示了动画编号"1"，表示此幻灯片中添加了第 1 个动画，如图 13-12 所示。

图 13-11

图 13-12

步骤03　单击"预览"按钮

单击"预览"组中的"预览"按钮，如图 13-13 所示，即可预览添加的进入动画效果。

图 13-13

💻 **提示**

为对象添加动画的时候，除了可以使用"动画"组中的动画库，还可以单击"高级动画"组中的"添加动画"按钮，在展开的列表中选择要添加的动画。利用这种方法可以为一个对象添加多个动画。

第13章　为幻灯片添加动态效果 | **183**

13.2.2　添加强调动画效果

为了在放映时突出显示幻灯片中的某个对象，可以为该对象添加强调动画效果，以吸引观众的注意力。

◎ **原始文件：** 实例文件\第13章\原始文件\添加强调动画效果.pptx
◎ **最终文件：** 实例文件\第13章\最终文件\添加强调动画效果.pptx

步骤01　选择动画效果

打开原始文件，选中第 2 张幻灯片中的图片，在"动画"选项卡下单击"动画"组中的快翻按钮，在展开的库中选择"强调"组中的"放大 / 缩小"选项，如图 13-14 所示。

步骤02　查看动画编号

此时，在图片的左上角显示了动画的编号，如图 13-15 所示。

图 13-14

图 13-15

步骤03　预览动画效果

对动画进行预览，可以看到"放大 / 缩小"的动画效果，如图 13-16 所示。

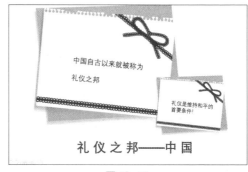

图 13-16

13.2.3　添加退出动画效果

当幻灯片中的对象展示完毕后，如果不需要让对象停留在画面中，可以为对象添加退出动画效果，使其慢慢地消失。

◎ **原始文件：** 实例文件\第13章\原始文件\添加退出动画效果.pptx
◎ **最终文件：** 实例文件\第13章\最终文件\添加退出动画效果.pptx

步骤01 单击"更多退出效果"选项

打开原始文件，选中第3张幻灯片中的内容占位符，❶切换到"动画"选项卡，单击"动画"组中的快翻按钮，❷在展开的库中单击"更多退出效果"选项，如图13-17所示。

图13-17

步骤02 选择动画效果

弹出"更改退出效果"对话框，单击"华丽型"组中的"下拉"选项，如图13-18所示。

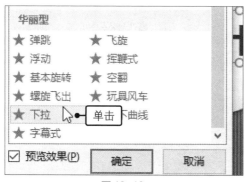

图13-18

步骤03 预览效果

单击"确定"按钮后，预览动画，可以看到内容占位符中文本内容的退出动画效果，如图13-19所示。

图13-19

13.2.4 添加动作路径动画效果

无论是进入、强调还是退出动画，每种动画都有特定的运动轨迹，当然也可以为对象添加自定义动作路径动画效果，下面介绍具体的操作方法。

◎ **原始文件:** 实例文件\第13章\原始文件\添加动作路径动画效果.pptx
◎ **最终文件:** 实例文件\第13章\最终文件\添加动作路径动画效果.pptx

步骤01 单击"自定义路径"选项

打开原始文件，选中第4张幻灯片中的标题占位符，❶切换到"动画"选项卡，单击"动画"组中的快翻按钮，❷在展开的库中选择"动作路径"组中的"自定义路径"选项，如图13-20所示。

图13-20

步骤02　绘制路径

此时鼠标指针呈十字形，按住鼠标左键不放，绘制动画的动作路径，如图 13-21 所示。

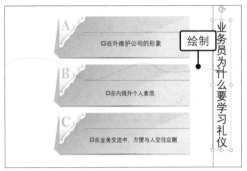

图 13-21

步骤03　绘制路径的效果

绘制完成后释放鼠标左键，可以看到绘制的动作路径，单击"预览"组中的"预览"按钮，如图 13-22 所示。

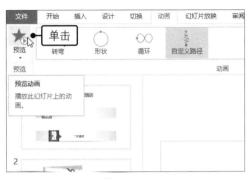

图 13-22

步骤04　预览运动效果

此时可见，标题将随着绘制的路径运动，如图 13-23 所示。

图 13-23

13.3　编辑动画效果

在幻灯片中添加了动画后，可以对动画的效果进行编辑，包括设置动画的运行方式、对动画进行排序、设置动画声音、设置动画的运行时间以及为动画添加触发器等。

13.3.1　设置动画运行方式

设置动画的运行方式就是更改动画的运动方向和运动形状等，当然每种动画包含的运行方式都不一样，需要根据具体的情况而定。

◎　**原始文件：** 实例文件\第13章\原始文件\设置动画运行方式.pptx
◎　**最终文件：** 实例文件\第13章\最终文件\设置动画运行方式.pptx

步骤01 选择运动方向

打开原始文件，选中第 2 张幻灯片中应用了"形状"动画效果的图形，❶在"动画"选项卡下单击"动画"组中的"效果选项"按钮，❷在展开的列表中单击"放大"选项，如图 13-24 所示。

步骤02 预览动画效果

预览动画，可以看到更改了图形运动方向后，图形会由内而外地显示出来，如图 13-25 所示。

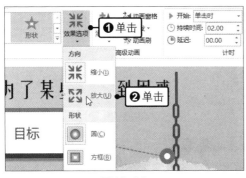

图 13-24

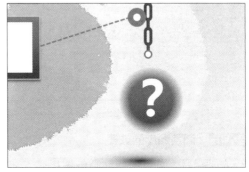

图 13-25

13.3.2 重新排序动画

如果幻灯片中某些对象的动画播放顺序需要调整，可以使用"动画窗格"窗格对这些动画进行排序，使动画效果更符合放映需求。

◎ **原始文件：** 实例文件\第13章\原始文件\重新排序动画.pptx
◎ **最终文件：** 实例文件\第13章\最终文件\重新排序动画.pptx

步骤01 查看动画编号

打开原始文件，选中第 4 张幻灯片，在幻灯片中可以看到每个对象包含的动画的编号，如图 13-26 所示。

步骤02 单击"动画窗格"按钮

在"动画"选项卡下单击"高级动画"组中的"动画窗格"按钮，如图 13-27 所示。

图 13-26

图 13-27

步骤03 预览动画

打开"动画窗格"窗格，单击"全部播放"按钮，如图 13-28 所示，预览幻灯片中的所有动画。

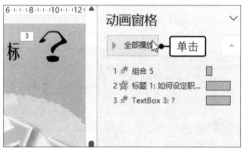

图 13-28

步骤05 调整顺序的效果

释放鼠标后，可以看到动画的顺序被改变了，如图 13-30 所示。

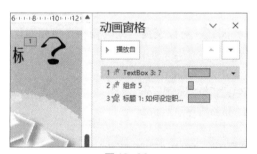

图 13-30

步骤07 查看动画编号的变化

调整顺序后，在幻灯片中可以看到动画的编号发生了相应的变化，如图 13-32 所示。放映幻灯片时，各个对象将按照调整后的顺序进行播放。

步骤04 拖动动画

选中窗格中的第 3 个动画，然后将其拖动至第 1 个动画之前，如图 13-29 所示。

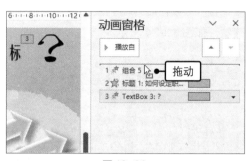

图 13-29

步骤06 完成所有动画顺序的调整

采用同样的方法，按照进入动画、强调动画、退出动画的顺序调整幻灯片中动画的播放顺序，如图 13-31 所示。

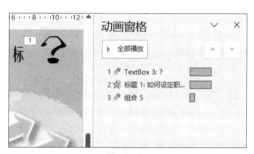

图 13-31

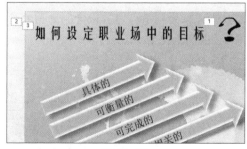

图 13-32

13.3.3 设置动画的声音效果

为了配合动画的播放效果，可以为动画添加声音，从而在放映幻灯片时呈现更加生动的演示效果。

◎ **原始文件：** 实例文件\第13章\原始文件\设置动画的声音效果.pptx
◎ **最终文件：** 实例文件\第13章\最终文件\设置动画的声音效果.pptx

步骤01 单击"动画"组对话框启动器

打开原始文件，选中第 1 张幻灯片中设置了动画的标题对象，❶切换到"动画"选项卡，❷单击"动画"组中的对话框启动器，如图 13-33 所示。

步骤02 设置动画声音

弹出"上浮"对话框，❶在"效果"选项卡下设置动画的声音为"爆炸"，❷单击"音量"按钮，❸在展开的音量控制框中拖动滑块调节音量大小，如图 13-34 所示，最后单击"确定"按钮。播放动画时，即可听到设置的动画声音效果。

图 13-33

图 13-34

13.3.4　设置动画的持续时间

设置动画的持续时间可控制动画运动的快慢。关于动画运动的快慢并没有明确的规定，需要根据整个演示文稿的放映情况及具体的对象进行设置。

◎ **原始文件：** 实例文件\第13章\原始文件\设置动画的持续时间.pptx
◎ **最终文件：** 实例文件\第13章\最终文件\设置动画的持续时间.pptx

步骤01 设置持续时间的动画选项

打开原始文件，选中第 3 张幻灯片中添加了动画效果的图片，切换到"动画"选项卡，单击"计时"组中"持续时间"右侧的数值调节按钮，调整动画的持续时间为"05.00"，如图 13-35 所示。

步骤02 预览设置后的效果

在"动画窗格"中单击"播放自"按钮，如图 13-36 所示，预览动画，可以看到动画效果的持续时间变长了。

图 13-35

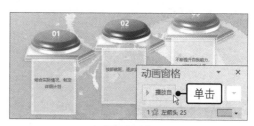

图 13-36

第14章 放映与发布幻灯片

幻灯片的放映与发布是检验幻灯片制作成果的阶段。为了使幻灯片达到理想的演示效果，可根据不同的场合选择不同的放映方式，并控制好幻灯片的放映过程。也可根据实际需要将幻灯片输出为其他类型的文件，以便留存或传送给他人观看。

14.1 放映幻灯片

演示文稿制作完成后，接下来就需要对幻灯片的放映进行设置。在放映时可以选择内置的放映方式，也可以自定义放映方式。

14.1.1 选择幻灯片放映方式

幻灯片的放映方式有 3 种，即演讲者放映、观众自行浏览和在展台放映。每种放映方式所适用的场景和放映效果都不同，需要根据实际的情况选择最合适的放映方式。

◎ **原始文件：** 实例文件\第14章\原始文件\选择幻灯片放映方式.pptx
◎ **最终文件：** 实例文件\第14章\最终文件\选择幻灯片放映方式.pptx

步骤01 单击"设置幻灯片放映"按钮

打开原始文件，❶切换到"幻灯片放映"选项卡，❷单击"设置"组中的"设置幻灯片放映"按钮，如图 14-1 所示。

步骤02 选择放映类型

弹出"设置放映方式"对话框，❶在"放映类型"选项组下单击"演讲者放映（全屏幕）"单选按钮，❷在"换片方式"选项组下单击"手动"单选按钮，❸单击"确定"按钮，如图 14-2 所示。

图 14-1   图 14-2

步骤03　单击"从头开始"按钮

返回幻灯片中后，单击"开始放映幻灯片"组中的"从头开始"按钮，如图 14-3 所示。

图 14-3

步骤05　设置观众自行浏览放映类型

如果需要观众自行浏览幻灯片，可以设置观众自行浏览放映类型。打开"设置放映方式"对话框，❶单击"观众自行浏览（窗口）"单选按钮，❷在"放映选项"选项组下勾选"循环放映，按 Esc 键终止"复选框，❸在"换片方式"组中单击"手动"单选按钮，❹单击"确定"按钮，如图 14-5 所示。

步骤06　从当前幻灯片开始放映

选中第 3 张幻灯片，在"开始放映幻灯片"组中单击"从当前幻灯片开始"按钮，如图 14-6 所示。

图 14-6

步骤04　演讲者放映的效果

此时使用演讲者放映类型进行幻灯片的放映，幻灯片显示为全屏幕效果。将鼠标指针指向幻灯片的左下角，可以看到一排控制按钮，演讲者可以使用这些控制按钮控制幻灯片的放映，如图 14-4 所示。

图 14-4

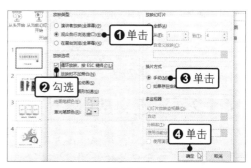

图 14-5

步骤07　观众自行浏览的效果

此时进入了观众自行浏览放映状态，从第 3 张幻灯片开始放映。此状态下幻灯片放映的方式呈窗口形式，可以任意调整放映窗口的大小，方便观看幻灯片的同时进行其他的工作，如图 14-7 所示。

图 14-7

步骤08 选择放映类型

当需要利用展台放映幻灯片时，可以设置幻灯片的放映类型为在展台浏览。打开"设置放映方式"对话框，❶在"放映类型"选项组中单击"在展台浏览（全屏幕）"单选按钮，❷在"放映选项"选项组中勾选"放映时不加旁白"和"放映时不加动画"复选框，❸单击"确定"按钮，如图14-8所示。

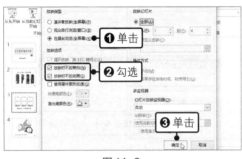

图14-8

步骤09 展台放映的效果

放映幻灯片，可以看到"在展台浏览"类型的幻灯片放映为全屏幕效果。将鼠标指针移至幻灯片左下角，可以发现并没有显示相应的控制按钮，如图14-9所示，表示在这一放映类型下，不可以对幻灯片进行播放控制操作。因为在上一步骤中设置了不加旁白和动画，所以放映过程中也不会展示这部分内容。需要注意的是，若要以"在展台浏览"类型放映幻灯片，则必须为幻灯片设置计时，演示文稿才能顺利放映。

图14-9

14.1.2 自定义放映幻灯片

自定义放映幻灯片是指在原有的演示文稿中选择其中一部分幻灯片，将其组合在一起放映。使用自定义放映能调整放映的幻灯片内容与顺序，而不用改动原始演示文稿。

◎ **原始文件：** 实例文件\第14章\原始文件\自定义放映幻灯片.pptx
◎ **最终文件：** 实例文件\第14章\最终文件\自定义放映幻灯片.pptx

步骤01 单击"自定义放映"选项

打开原始文件，❶在"幻灯片放映"选项卡下单击"开始放映幻灯片"组中的"自定义幻灯片放映"按钮，❷在展开的列表中单击"自定义放映"选项，如图14-10所示。

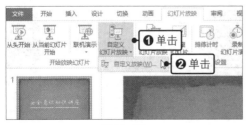

图14-10

步骤02 单击"新建"按钮

弹出"自定义放映"对话框，单击"新建"按钮，如图14-11所示。

图14-11

步骤03 添加幻灯片

弹出"定义自定义放映"对话框，❶在"幻灯片放映名称"文本框中输入放映名称，❷在"在演示文稿中的幻灯片"列表框中勾选第 2 张幻灯片，❸单击"添加"按钮，如图 14-12 所示。

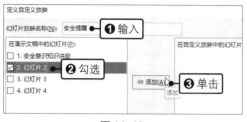

图 14-12

步骤04 添加幻灯片的效果

在"在自定义放映中的幻灯片"列表框中可以看到添加的幻灯片，❶继续在"在演示文稿中的幻灯片"列表框中勾选第 3 张幻灯片，❷单击"添加"按钮，如图 14-13 所示。

图 14-13

💻 **提示**

在添加幻灯片的过程中，如果幻灯片添加错误，可以在"在自定义放映中的幻灯片"列表框中单击幻灯片，单击"删除"按钮⊠，即可将添加有误的幻灯片删除。

步骤05 调整幻灯片顺序

❶单击"在自定义放映中的幻灯片"列表框中的第 2 张幻灯片，❷单击"向上"按钮，如图 14-14 所示。

图 14-14

步骤06 调整幻灯片顺序的效果

此时在"在自定义放映中的幻灯片"列表框中可以看到调整后的幻灯片的放映顺序，单击"确定"按钮，如图 14-15 所示。

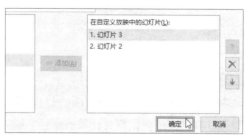

图 14-15

步骤07 单击"关闭"按钮

返回"自定义放映"对话框，在"自定义放映"列表框中可以看到新建的自定义幻灯片放映名称，单击"关闭"按钮，如图 14-16 所示。

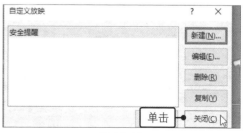

图 14-16

步骤08 放映自定义放映幻灯片

❶单击“自定义幻灯片放映”按钮，在展开的下拉列表中可以看到新建的幻灯片放映名称，❷单击“安全提醒”选项，如图 14-17 所示。

图 14-17

步骤09 自定义放映幻灯片的效果

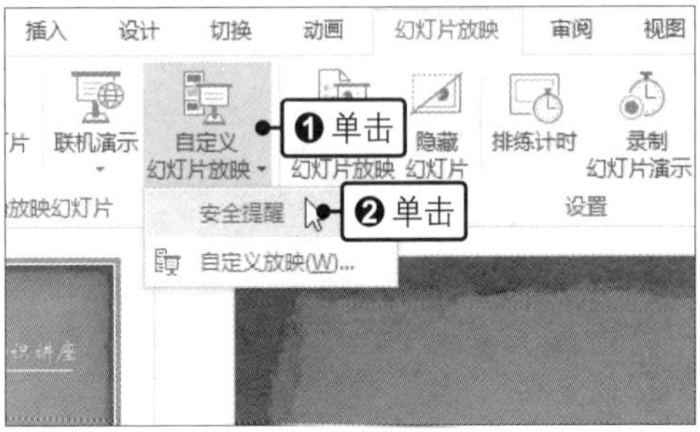

进入幻灯片放映状态，可以看到自定义幻灯片放映的效果，如图 14-18 所示。

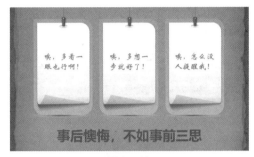

图 14-18

14.2 控制幻灯片放映过程

在幻灯片的放映过程中，为了便于观众按照演讲者的节奏来观看幻灯片，可以根据需要控制幻灯片的放映过程，包括切换幻灯片、对幻灯片中重点内容进行标记等。

14.2.1 切换与定位幻灯片

切换幻灯片是指将幻灯片切换到下一张或上一张，而定位幻灯片则可以快速跳转到指定幻灯片，不需要按顺序逐张切换。

◎ **原始文件：** 实例文件\第14章\原始文件\切换与定位幻灯片.pptx

◎ **最终文件：** 无

步骤01 切换到下一张幻灯片

打开原始文件，从头开始放映幻灯片，如果要切换到下一张幻灯片，单击鼠标右键，在弹出的快捷菜单中单击“下一张”命令，如图 14-19 所示。

图 14-19

步骤02 查看所有幻灯片

此时切换到了第 2 张幻灯片，如果想实现幻灯片的快速跳转，❶单击鼠标右键，❷在弹出的快捷菜单中单击“查看所有幻灯片”命令，如图 14-20 所示。

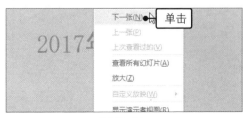

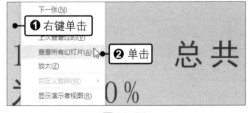

图 14-20

步骤03 选择幻灯片

跳转到幻灯片缩略图列表，单击想要查看的幻灯片，如图 14-21 所示，即可跳转到该幻灯片。

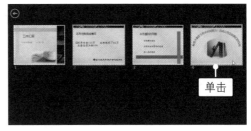

图 14-21

14.2.2 放映过程中切换到其他程序

一般情况下，幻灯片的放映都是在全屏状态下进行的，这样桌面任务栏就被隐藏了起来，不利于切换其他程序。下面就来介绍如何在放映状态下显示任务栏以方便切换其他程序。

◎ **原始文件：** 实例文件\第14章\原始文件\放映过程中切换到其他程序.pptx
◎ **最终文件：** 无

步骤01 单击"屏幕→显示任务栏"命令

打开原始文件，进入幻灯片放映状态，如果要切换到其他程序中，❶单击鼠标右键，❷在弹出的快捷菜单中单击"屏幕→显示任务栏"命令，如图 14-22 所示。

步骤02 单击要打开的程序

此时依然保持了幻灯片的放映状态，在幻灯片下方显示了任务栏，单击任务栏中要切换的程序，如浏览器，如图 14-23 所示。

图 14-22

图 14-23

步骤03 切换程序的效果

此时打开了网页浏览器程序，如图 14-24 所示。可以一边放映幻灯片，一边查询一些相关的知识来辅助演讲。

图 14-24

14.2.3　使用墨迹对幻灯片进行标记

在放映过程中，为了突出重点的内容，演讲者可以选择不同颜色的墨迹，使用各种记号笔在幻灯片上进行标记。

◎　**原始文件：**实例文件\第14章\原始文件\使用墨迹对幻灯片进行标记.pptx
◎　**最终文件：**实例文件\第14章\最终文件\使用墨迹对幻灯片进行标记.pptx

步骤01　单击"荧光笔"命令

打开原始文件，进入幻灯片放映状态，❶单击鼠标右键，❷在弹出的快捷菜单中单击"指针选项→荧光笔"命令，如图 14-25 所示。

步骤02　设置墨迹颜色

❶单击鼠标右键，❷在弹出的快捷菜单中单击"指针选项"命令，❸在级联列表中单击"墨迹颜色→红色"命令，如图 14-26 所示。

图 14-25

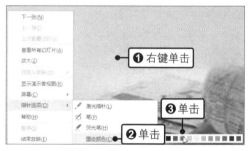

图 14-26

步骤03　标记重点

此时鼠标指针显示为荧光笔并呈红色，按住鼠标左键不放，拖动鼠标标记重要内容，如图 14-27 所示。

步骤04　单击"橡皮擦"命令

释放鼠标，完成重要内容的标记，如果在标记的过程中有误，❶单击鼠标右键，❷在弹出的快捷菜单中单击"指针选项→橡皮擦"命令，如图 14-28 所示。

图 14-27

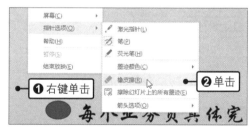

图 14-28

步骤05　使用橡皮擦

此时鼠标指针呈橡皮擦形，单击要擦除的标记，如图 14-29 所示，即可清除标记。

步骤06　保留墨迹

当幻灯片放映完毕后，将弹出提示框"是否保留墨迹注释？"，单击"保留"按钮，如图 14-30 所示。

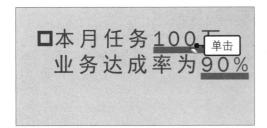

图 14-29

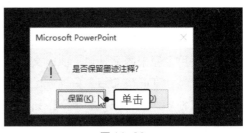

图 14-30

步骤07 **保留墨迹的效果**

返回幻灯片的普通视图，单击第 2 张幻灯片，可以看到第 2 张幻灯片中保留的墨迹注释，如图 14-31 所示。

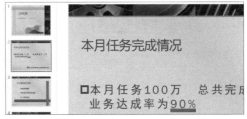

图 14-31

14.3 输出幻灯片

在 PowerPoint 中创建的演示文稿默认保存为 pptx 或 ppt 格式，如果要将演示文稿输出为其他文件格式，如 PDF 文档、视频等，则需要通过本节介绍的方法来实现。

14.3.1 输出为 PDF 文档

当需要将制作好的演示文稿发送给其他人查看时，为了保护演示文稿内容不被随意篡改，且完整保留演示文稿的图文内容，可以将其保存为 PDF 文档格式。

◎ **原始文件：** 实例文件\第14章\原始文件\输出为PDF文档.pptx
◎ **最终文件：** 实例文件\第14章\最终文件\改革大会.pdf

步骤01 **单击"创建 PDF/XPS 文档"选项**

打开原始文件，单击"文件"按钮，❶在弹出的视图菜单中单击"导出"命令，❷在右侧的面板中单击"创建 PDF/XPS 文档"选项，如图 14-32 所示。

步骤02 **单击"创建 PDF/XPS"按钮**

在右侧展开了创建 PDF/XPS 文档的详细页面，单击"创建 PDF/XPS"按钮，如图 14-33 所示。

图 14-32

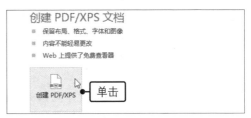

图 14-33

步骤03 保存文件

弹出"发布为 PDF 或 XPS"对话框，系统自动引用了原来的文件名，此时文档的保存类型为"PDF"，❶设置好文档的存储路径和文件名，❷单击"发布"按钮，如图 14-34 所示。

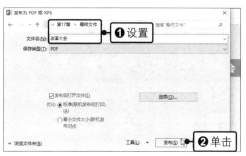

图 14-34

步骤04 显示进度

此时将弹出"正在发布"对话框，并显示发布的进度，如图 14-35 所示。

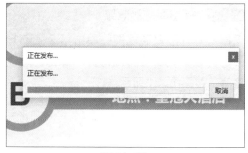

图 14-35

步骤05 生成 PDF 文档

发布完成后，在文件的存储位置可以看到生成的 PDF 文档，双击 PDF 文档，如图 14-36 所示。

图 14-36

步骤06 打开文件效果

即可在系统默认的 PDF 查看器中打开 PDF 文档，如图 14-37 所示。

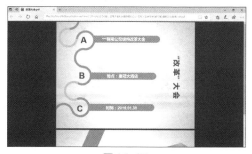

图 14-37

14.3.2 打包演示文稿

　　打包演示文稿一般分为将演示文稿打包成文件夹和 CD 两种方式。如果要将演示文稿打包成 CD，那么在计算机中就必须安装 CD 刻录机才能实现，所以此处重点介绍将演示文稿打包成文件夹的方法，打包演示文稿后可以保证幻灯片中的音频和视频文件在任何计算机中都可以播放。

◎ **原始文件：** 实例文件\第14章\原始文件\打包演示文稿.pptx
◎ **最终文件：** 实例文件\第14章\最终文件\公司结构（文件夹）

步骤01 单击"打包成 CD"按钮

打开原始文件，❶在视图菜单中单击"导出"命令，❷在右侧的面板中单击"将演示文稿打包成 CD"选项，❸单击"打包成 CD"按钮，如图 14-38 所示。

图 14-38

步骤02 单击"复制到文件夹"按钮

弹出"打包成 CD"对话框，单击"复制到文件夹"按钮，如图 14-39 所示。

图 14-39

步骤03 设置文件名称和位置

弹出"复制到文件夹"对话框，❶在"文件夹名称"文本框中输入"公司结构"，❷在"位置"文本框中设置好文件的存储路径，❸勾选"完成后打开文件夹"复选框，❹单击"确定"按钮，如图 14-40 所示。

图 14-40

步骤04 打包演示文稿的效果

打包成功后，系统将自动打开打包的文件夹，可以看到打包的文件夹内容，效果如图 14-41 所示。

图 14-41

第15章

Photoshop 的基本操作

在使用 Photoshop 编辑图像之前，首先需要掌握 Photoshop 的一些基本操作，如新建和打开文档、存储和关闭文档、选区的创建与编辑等，只有熟练掌握了这些操作，才能在编辑图像时提高效率。

15.1 文档的基本操作

文档的基本操作包括新建和打开文档、存储和关闭文档等内容。这些操作技法是应用 Photoshop 完成各类设计作品的基础，在本节中将分别进行详细讲解。

15.1.1 新建文档

启动 Photoshop 程序后，需要新建空白文档，用于编辑图像。在 Photoshop 中，可以通过执行"文件→新建"菜单命令或按快捷键〈Ctrl+N〉新建文档，也可以单击"起点"工作区中的"新文件"按钮新建文档。

◎ **原始文件：** 无
◎ **最终文件：** 实例文件\第15章\最终文件\新建文档.psd

步骤01 **单击"新文件"按钮**

启动 Photoshop，显示"起点"工作区，在工作区中单击左侧的"新文件"按钮，如图 15-1 所示，打开"新建"对话框。

步骤02 **选择新建文档大小**

❶在对话框中的"文档类型"下拉列表中选择"照片"，❷在"大小"下拉列表中选择一种尺寸大小，❸然后输入文件名"新建文件"，❹单击"确定"按钮，如图 15-2 所示。

图 15-1

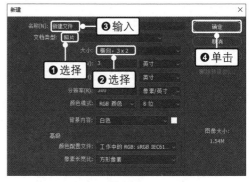

图 15-2

即可打开图像窗口，可看到根据选择的文档类型和大小创建了一个空白文档，如图15-3 所示。

图 15-3

15.1.2 打开指定的文件

在 Photoshop 中，打开文件也有多种方法，用户可以通过执行"文件→打开"菜单命令打开文件，也可以按快捷键〈Ctrl+O〉打开文件，还可以直接将文件拖动到 Photoshop 工作界面中来打开。

◎ **原始文件：**实例文件\第15章\原始文件\01.jpg
◎ **最终文件：**无

步骤01 执行"打开"命令

启动 Photoshop 后，执行"文件→打开"菜单命令或按快捷键〈Ctrl+O〉，如图15-4 所示。

步骤02 选中要打开的文件

❶在弹出的"打开"对话框中选中需要打开的原始文件，❷然后单击"打开"按钮，如图 15-5 所示。

图 15-4

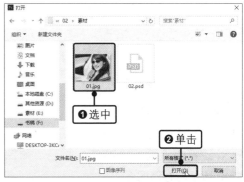

图 15-5

步骤03 打开文件

此时图像窗口中就会打开上一步选中的素材图像，如图 15-6 所示。

💻 **提示**

如果需要同时打开多个文件，可以按住〈Ctrl〉键不放，在"打开"对话框中依次单击需要打开的文件，然后单击"打开"按钮。

图 15-6

15.1.3　存储和关闭文件

在 Photoshop 中打开并编辑文档后，可以应用"存储"或"存储为"命令将编辑后的图像存储到指定的文件夹。当用户关闭 Photoshop 窗口中的图像时，被编辑过的图像仍然会保存在指定的文件夹中。

◎ **原始文件：** 实例文件\第15章\原始文件\02.psd
◎ **最终文件：** 实例文件\第15章\最终文件\存储和关闭文件.psd

步骤01　执行"存储为"命令

打开原始文件，打开的图像如图 15-7 所示，执行"文件→存储为"菜单命令。

图 15-7

步骤02　输入文件名

打开"存储为"对话框，❶在"文件名"文本框中输入文件名，❷单击"保存"按钮，如图 15-8 所示。

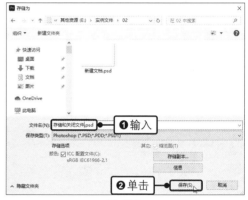

图 15-8

步骤03　单击"确定"按钮

弹出"Photoshop 格式选项"对话框，单击对话框右上角的"确定"按钮，如图15-9 所示，存储图像。

步骤04　单击 ✕ 按钮

存储文件后，执行"文件→关闭"菜单命令或单击图像窗口文件标签右侧的 ✕ 按钮，如图 15-10 所示。

图 15-10

图 15-9

步骤05　关闭文件

因为当前只打开了一个文件，所以关闭文件后会显示"起点"工作区，如图 15-11 所示。

图 15-11

15.2 图像的查看

在 Photoshop 中可以选择不同的屏幕模式查看图像，还可以调整排列方式同时查看或编辑打开的多个图像。

15.2.1 在不同屏幕模式下查看图像

Photoshop 提供了"标准屏幕模式""带有菜单栏的全屏模式""全屏模式"3 种屏幕模式，默认为"标准屏幕模式"。用户在编辑图像的过程中，可以执行"视图→屏幕模式"菜单命令或利用工具箱中的"更改屏幕模式"按钮切换屏幕模式。

◎ **原始文件：** 实例文件\第15章\原始文件\03.jpg
◎ **最终文件：** 无

步骤01 以标准屏幕模式查看

打开原始文件，在工作界面中以默认的"标准屏幕模式"显示打开的图像，如图15-12 所示。

步骤02 以带有菜单栏的全屏模式查看

右键单击工具箱底部的"更改屏幕模式"按钮 ，在展开的工具组中单击选择"带有菜单栏的全屏模式"，显示带有菜单栏和50% 灰色背景、没有标题栏和滚动条的全屏窗口，如图 15-13 所示。

图 15-12

图 15-13

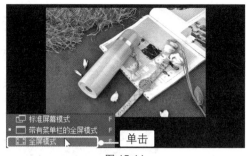

步骤03 以全屏模式查看

右键单击工具箱底部的"更改屏幕模式"按钮 ⬚ ，在展开的工具组中单击选择"全屏模式"，显示只有黑色背景的全屏窗口，如图 15-14 所示。

图 15-14

💻 **提示**

在 Photoshop 中，可以通过按〈F〉键在 3 种屏幕模式之间快速切换。

15.2.2　同时查看多个图像

在 Photoshop 中打开的图像会默认以选项卡的形式排列在图像窗口中，每次只能显示一张图像。如果需要同时查看多张打开的图像，可以执行"窗口→排列"菜单命令，在展开的级联菜单中选择以不同的排列方式显示打开的图像。

◎ **原始文件：** 实例文件\第15章\原始文件\04.jpg～06.jpg
◎ **最终文件：** 无

步骤01 打开多个图像

执行"文件→打开"菜单命令，打开原始文件，在图像窗口中只显示最后选择的图像，如图 15-15 所示。

图 15-15

步骤02 执行"全部垂直拼贴"命令

执行"窗口→排列→全部垂直拼贴"菜单命令，此时所有打开的图像会以垂直拼贴的方式显示在图像窗口中，如图 15-16 所示。

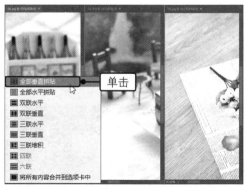

图 15-16

步骤03 执行"三联堆积"命令

执行"窗口→排列→三联堆积"菜单命令，此时所有打开的图像会以三联堆积的方式显示在图像窗口中，如图 15-17 所示。

步骤04 使用"抓手工具"查看图像

❶选择"抓手工具",❷勾选工具选项栏中的"滚动所有窗口"复选框,将鼠标指针移到任意图像上,❸单击并拖动查看图像,如图 15-18 所示。

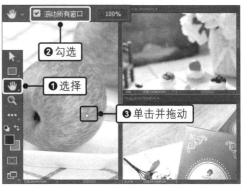

图 15-17 图 15-18

💻 提示

> 如果要将界面恢复到默认的单张图像显示效果,可执行"窗口→排列→将所有内容合并到选项卡中"菜单命令。

15.3 图像的基本编辑操作

应用 Photoshop 编辑图像时,除了需要掌握文件的基本操作,还需要掌握一些图像编辑的基本操作,如调整图像大小和画布大小、复制和粘贴图像、自由变换图像、裁剪图像等。熟练应用这些基本的操作,能够获得非常不错的画面效果。

15.3.1 调整图像大小

图像的实际尺寸、分辨率和像素大小决定了图像的数据量及打印质量。在 Photoshop 中,使用"图像大小"命令可以将当前正在编辑的图像调整至合适的大小。打开图像后,执行"图像→图像大小"菜单命令,即可打开"图像大小"对话框,在对话框中可以调整图像的宽度和高度,还可以调整图像的分辨率等。

◎ **原始文件:** 实例文件\第15章\原始文件\07.jpg
◎ **最终文件:** 实例文件\第15章\最终文件\调整图像大小.jpg

步骤01 打开文件

执行"文件→打开"菜单命令,打开原始文件,如图 15-19 所示。

步骤02 执行"图像大小"命令

执行"图像→图像大小"菜单命令,如图 15-20 所示。

图 15-19

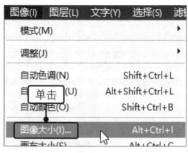

图 15-20

步骤03 显示原始参数值

打开"图像大小"对话框,在对话框中显示了当前图像的大小、宽度、高度和分辨率等参数值,如图 15-21 所示。

步骤04 设置分辨率和高度

❶在"分辨率"数值框中输入数值 72,
❷在"高度"数值框中输入数值 1000,
❸单击"确定"按钮,如图 15-22 所示。

图 15-21

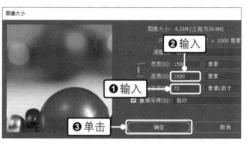

图 15-22

步骤05 调整图像效果

返回图像窗口,软件会根据设置的高度和分辨率调整图像大小,此时图像窗口中显示了缩小尺寸后的图像,如图 15-23 所示。

图 15-23

15.3.2 调整画布大小

画布是图像的完全可编辑区域。在 Photoshop 中,应用"画布大小"命令可以扩大或缩小画布。当扩大画布时,会在现有图像周围添加空间;当缩小画布时,会对图像进行一定的裁剪。打开图像后,执行"图像→画布大小"菜单命令,即可打开"画布大小"对话框,在对话框中可以调整画布的大小、定位方式等。

◎ **原始文件:** 实例文件\第15章\原始文件\08.jpg
◎ **最终文件:** 实例文件\第15章\最终文件\调整画布大小.jpg

步骤01 执行"画布大小"命令

打开原始文件,执行"图像→画布大小"菜单命令,如图 15-24 所示。

图 15-24

步骤03 单击"继续"按钮

在弹出的提示框中单击"继续"按钮,如图 15-26 所示。

图 15-26

步骤02 设置画布大小

打开"画布大小"对话框,❶输入"高度"为 12,❷在下方的定位框中单击底部中间的方块,❸单击"确定"按钮,如图 15-25 所示。

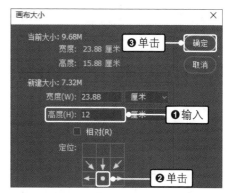

图 15-25

步骤04 根据画布大小裁剪图像

软件会根据设置的画布高度,裁切掉原图像上方的一部分天空图像,如图 15-27 所示。

图 15-27

> 💻 **提示**
>
> 在"画布大小"对话框中,单击"画布扩展颜色"选项右侧的颜色块,可打开"拾色器(画布扩展颜色)"对话框,在对话框中单击或输入色值,能够指定扩展后的画布颜色。

步骤05 再次设置画布大小

执行"图像→画布大小"菜单命令,再次打开"画布大小"对话框,❶输入"宽度"为 25.5、"高度"为 14,❷在"画布扩展颜色"选项中指定画布颜色,如图 15-28 所示。

步骤06 调整画布效果

设置后单击"确定"按钮,返回图像窗口,软件会根据设置调整画布的大小,为裁切后的图像添加深褐色的边框,如图 15-29 所示。

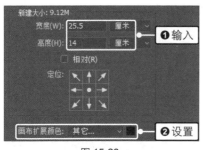

图 15-28

图 15-29

15.3.3 剪切、复制与粘贴图像

应用 Photoshop 处理图像时，经常会对图像进行剪切、复制和粘贴操作，这些操作可以通过在"编辑"菜单中执行相应的"剪切""复制""粘贴"命令来完成，也可以按快捷键来快速完成。

◎ **原始文件：** 实例文件\第15章\原始文件\09.jpg
◎ **最终文件：** 实例文件\第15章\最终文件\剪切、复制与粘贴图像.psd

步骤01 **绘制矩形选区**

打开原始文件，选择"矩形选框工具"，在图像右侧绘制一个矩形选区，如图 15-30 所示。

步骤02 **执行"剪切"命令**

执行"编辑→剪切"菜单命令，剪切图像，如图 15-31 所示。

图 15-30

图 15-31

步骤03 **执行"拷贝"命令**

选用"矩形选框工具"在中间的人物图像位置绘制选区，执行"编辑→拷贝"菜单命令复制图像，如图 15-32 所示。

步骤04 **执行"粘贴"命令**

❶执行"编辑→粘贴"菜单命令粘贴复制的图像，❷在"图层"面板中生成"图层 1"图层，如图 15-33 所示。

图 15-32

图 15-33

步骤05 设置不透明度

❶选择工具箱中的"移动工具",将复制
得到的图像向右拖动到合适的位置,❷在
"图层"面板中选中"图层 1"图层,设
置该图层的"不透明度"为 50%,如图
15-34 所示。

图 15-34

> 💻 **提示**
>
> 在 Photoshop 中,按快捷键〈Ctrl+C〉可复制图像,按快捷键〈Ctrl+X〉
> 可剪切图像,按快捷键〈Ctrl+V〉可粘贴图像。

15.3.4 自由变换图像

在 Photoshop 中,应用"自由变换"命令可以对图像进行旋转、扭曲和透视等操作。
执行"编辑→自由变换"菜单命令或按快捷键〈Ctrl+T〉,显示自由变换编辑框,通过拖
动编辑框周围的控制手柄来完成图像的变换操作。

◎ **原始文件:** 实例文件\第15章\原始文件\10.psd
◎ **最终文件:** 实例文件\第15章\最终文件\自由变换图像.psd

步骤01 复制选区中的图像

打开原始文件,在"图层"面板中选择"图层 1"图层,在工具箱中选择"矩形选框工具",
在女包图像上创建矩形选区,按快捷键〈Ctrl+C〉,复制选区中的图像,如图 15-35 所示。

步骤02 粘贴图像并调整位置

按快捷键〈Ctrl+V〉粘贴图像，❶在"图层"面板中得到"图层2"图层，❷选择"移动工具"，把图像拖到左侧的适当位置，如图15-36所示。

图 15-35

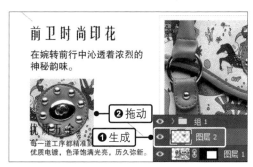

图 15-36

步骤03 执行"自由变换"命令

选中"图层2"图层，❶执行"编辑→自由变换"菜单命令，❷显示自由变换编辑框，如图15-37所示。

步骤04 移动鼠标指针

将鼠标移到自由变换编辑框右下角，此时鼠标指针变为双向箭头形状，如图15-38所示。

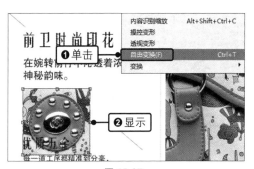

图 15-37

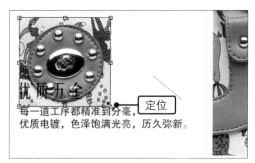

图 15-38

步骤05 拖动缩小图像

按住〈Shift〉键不放，单击并向图像内侧拖动，等比例缩小图像，如图15-39所示。

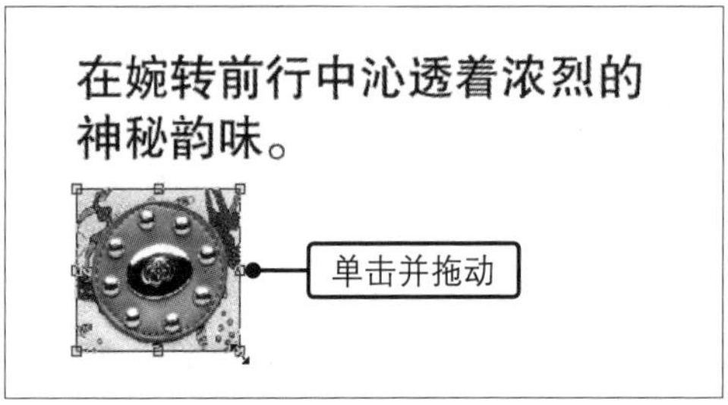

步骤06 移动鼠标指针

缩小图像后，将鼠标指针移至自由变换编辑框右上角，鼠标指针变为折线箭头形状，如图15-40所示。

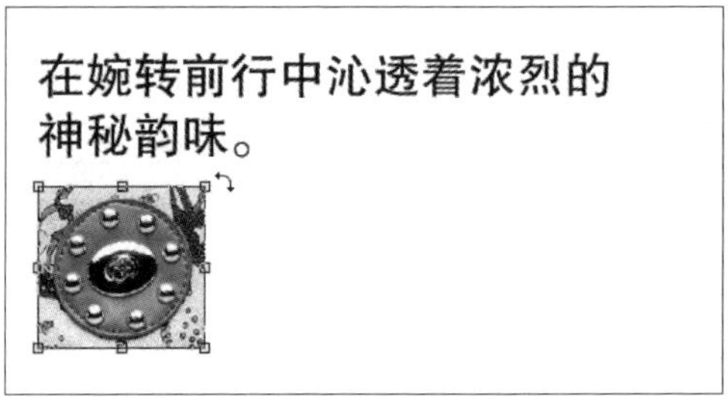

图 15-39

图 15-40

步骤07 拖动旋转图像

单击并向右下角方向拖动,拖动时鼠标指针旁边会显示旋转的角度,如图 15-41 所示。

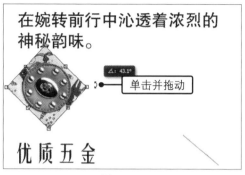

图 15-41

步骤08 应用自由变换效果

拖动到合适的角度后,释放鼠标,按〈Enter〉键,应用自由变换效果,如图 15-42 所示。

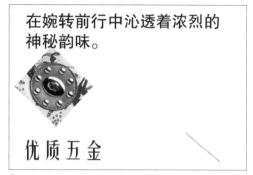

图 15-42

步骤09 移动图像位置

选择"移动工具",拖动调整变换后图像的位置,如图 15-43 所示。

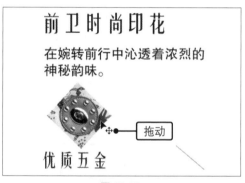

图 15-43

步骤10 继续调整图像

继续使用同样的方法,选择并复制图像,结合自由变换命令调整图像,效果如图 15-44 所示。

图 15-44

15.4 选区的创建与编辑

Photoshop 提供了许多用于创建选区的工具,如"选框工具""套索工具""快速选择工具"等,使用这些工具能够在图像中的指定位置创建选区。创建选区后,还可以根据设计需求,应用"选择"菜单中的命令对选区进行调整。

15.4.1 创建规则的选区

当需要在图像中创建规则的选区时,可使用选框工具组中的工具来实现。选框工具组包含"矩形选框工具""椭圆选框工具""单行选框工具""单列选框工具"。下面以"矩形选框工具"为例介绍创建规则选区的方法。

◎ **原始文件：** 实例文件\第15章\原始文件\11.jpg
◎ **最终文件：** 实例文件\第15章\最终文件\创建规则的选区.psd

步骤01 **选择"矩形选框工具"**

打开原始文件，单击工具箱中的"矩形选框工具"按钮▣，选择工具，如图15-45所示。

步骤02 **单击并拖动创建矩形选区**

将鼠标移至图像上方，单击并向右下角方向拖动，拖动到合适的大小时，释放鼠标，即可创建矩形选区，如图15-46所示。

图 15-45

图 15-46

步骤03 **继续绘制选区**

❶单击工具选项栏中的"从选区减去"按钮▣，将鼠标移到选区中间，❷单击并向右下方拖动至合适的位置后释放鼠标，缩小选区范围，如图15-47所示。

步骤04 **设置颜色填充选区**

❶新建"图层1"图层，❷设置前景色为R244、G244、B244，按快捷键〈Alt+Delete〉，为选区填充前景色，填充效果如图15-48所示。

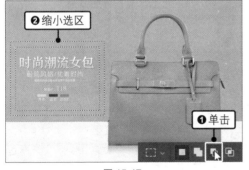

图 15-47

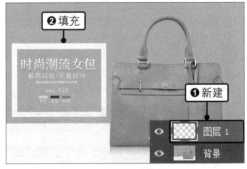

图 15-48

15.4.2 创建不规则的选区

当需要选择的对象外形较为复杂时，使用规则选框工具可能难以准确选中对象，此时就需要使用不规则选框工具进行选择。在Photoshop中，可以使用套索工具组中的工具来创建不规则选区。下面以"套索工具"为例介绍创建不规则选区的方法。

◎ **原始文件：** 实例文件\第15章\原始文件\12.jpg
◎ **最终文件：** 实例文件\第15章\最终文件\创建不规则的选区.psd

步骤01 选择"套索工具"

打开原始文件，单击工具箱中的"套索工具"按钮 ⚲，如图 15-49 所示。

图 15-49

步骤02 绘制路径

❶ 在"套索工具"的选项栏中输入"羽化"值为 3 像素，❷ 沿着画面中一朵蜡梅花图像的轮廓单击并拖动，绘制出路径，如图 15-50 所示。

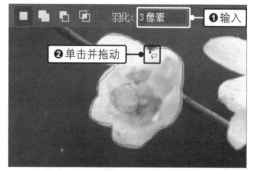

图 15-50

步骤03 创建不规则选区

当绘制的路径的终点与起点重合时，单击鼠标，创建选区，选中路径中间的蜡梅花图像，如图 15-51 所示。

图 15-51

步骤04 复制选区内的图像

❶ 按快捷键〈Ctrl+J〉，复制选区中的图像，得到"图层 1"图层，❷ 选择"移动工具"，将复制出的蜡梅花图像拖至合适位置，如图 15-52 所示。

图 15-52

🖥 **提示**

  "套索工具"选项栏中的"羽化"选项用于控制选取的图像边缘的柔和程度，输入的参数越大，选取的图像边缘越柔和。

15.4.3 反选和取消选区

在图像中创建选区后，为了得到满意的选区效果，有时需要对创建的选区进行调整，例如使用"反选"命令和"取消选择"命令反选或取消选区。

◎ **原始文件：** 实例文件\第15章\原始文件\13.jpg
◎ **最终文件：** 实例文件\第15章\最终文件\反选和取消选区.psd

步骤01　创建选区

打开原始文件，❶选择"快速选择工具"，❷沿花朵图像边缘单击并拖动，创建选区，如图 15-53 所示。

图 15-53

步骤02　执行"反选"命令

执行"选择→反选"菜单命令，反选选区，选中除花朵外的其他区域的图像，如图 15-54 所示。

图 15-54

步骤03　设置色阶选项

执行"图像→调整→色阶"菜单命令，打开"色阶"对话框，❶输入色阶值为 0、1.50、255，❷单击"确定"按钮，如图 15-55 所示。

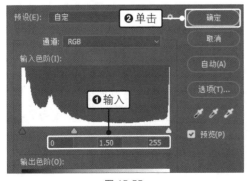
图 15-55

步骤04　调整选区内图像的亮度

返回图像窗口，可看到应用设置的"色阶"选项调整选区中的背景图像后，其颜色变得更为明亮，如图 15-56 所示。

图 15-56

步骤05　取消选区

执行"选择→取消选择"菜单命令，取消选区，查看图像效果，如图 15-57 所示。

图 15-57

提示

在图像中创建选区后，按快捷键〈Ctrl+Shift+I〉可以反选选区，按快捷键〈Ctrl+D〉可以取消选区。

15.4.4 变换选区

在 Photoshop 中，执行"变换选区"命令，可以在不更改图像的情况下，调整选区的大小、位置、角度。在图像中创建选区后，执行"选择→变换选区"菜单命令，将在选区周围显示一个矩形的变换编辑框，通过拖动编辑框就能完成选区的缩放、旋转和扭曲等操作。

◎ **原始文件：** 实例文件\第15章\原始文件\14.jpg
◎ **最终文件：** 实例文件\第15章\最终文件\变换选区.psd

步骤01 **创建椭圆形选区**

打开原始文件，用"椭圆选框工具"创建一个椭圆形选区，如图 15-58 所示。

步骤02 **执行"变换选区"命令**

执行"选择→变换选区"菜单命令，显示选区的自由变换编辑框，如图 15-59 所示。

图 15-58

图 15-59

步骤03 **单击并拖动调整选区**

将鼠标移至编辑框下边框线上，当鼠标指针变为双向箭头‡时，单击并向下拖动，调整选区，如图 15-60 所示。

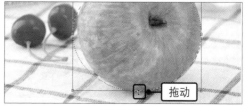

图 15-60

步骤04　继续拖动调整选区

将鼠标移到编辑框的另外三条边框线上，使用同样的方法单击并拖动，调整编辑框大小，使其与苹果形状更接近，如图15-61所示。

图 15-61

步骤05　执行"变形"命令

❶在编辑框中单击鼠标右键，❷在弹出的快捷菜单中执行"变形"命令，显示变形编辑框，如图15-62所示。

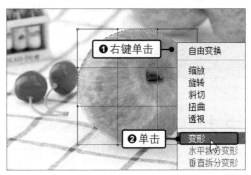

图 15-62

步骤06　单击并拖动调整选区

将鼠标移至编辑框中的变形控制点上，单击并向内侧拖动，使选区的边框与苹果的外形重合，如图15-63所示。

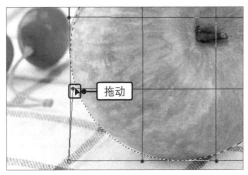

图 15-63

步骤07　继续调整选区

将鼠标移至编辑框的其他变形控制点上单击并拖动，调整编辑框，使选区的形状与苹果的外形一致，如图15-64所示。

图 15-64

步骤08　复制选区中的图像

按〈Enter〉键，应用"变形"设置调整选区形状。按快捷键〈Ctrl+J〉，即可抠出选区中的图像，如图15-65所示。

图 15-65

15.5 图层的创建与编辑

图层就像是一张张叠放在一起的透明纸。用户可以分别处理每个图层，在上面创建图像、文字等内容，在图像窗口中显示的则是各个图层中的内容叠加在一起形成的整体画面效果。几乎所有的图层操作都可以通过"图层"面板完成。

15.5.1 创建图层

在 Photoshop 中，图层被细分为多种类型，其中最常见的是普通图层、调整图层和填充图层等。这些图层都可以通过使用"图层"面板中的按钮和菜单命令进行创建。下面以创建普通图层为例介绍具体的操作方法。

◎ **原始文件：** 实例文件\第15章\原始文件\15.jpg、16.psd
◎ **最终文件：** 实例文件\第15章\最终文件\创建新图层.psd

步骤01 打开原始文件

启动 Photoshop，打开原始文件 15.jpg，在"图层"面板中可看到一个"背景"图层，如图 15-66 所示。

步骤02 复制"背景"图层

❶单击"背景"图层，❷将其拖动至面板底部的"创建新图层"按钮■上，释放鼠标，❸复制得到"背景 拷贝"图层，如图15-67 所示。

图 15-66

步骤03 隐藏"背景"图层

❶单击"背景"图层前面的"指示图层可见性"按钮■，❷即可隐藏"背景"图层，只显示"背景 拷贝"图层，如图 15-68 所示。

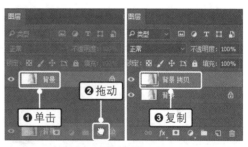

图 15-67

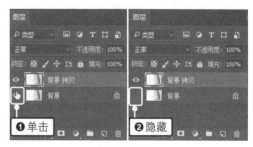

图 15-68

步骤04　创建"图层1"图层

❶单击"图层"面板底部的"创建新图层"按钮🔲，❷即可创建"图层1"图层，如图15-69所示。

步骤05　重命名图层

❶双击"图层1"图层名称，即可进入图层名称编辑状态，❷然后输入文字"艺术字"并按〈Enter〉键，即可重命名该图层，如图15-70所示。

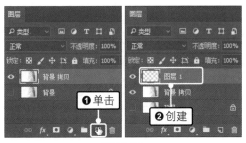

图 15-69

图 15-70

步骤06　选择"矩形选框工具"

打开16.psd，单击工具箱中的"矩形选框工具"按钮🔲，如图15-71所示。

步骤07　绘制并拷贝选区图像

使用"矩形选框工具"绘制选区，如图15-72所示，然后执行"编辑→拷贝"菜单命令。

图 15-71

图 15-72

步骤08　粘贴复制的文字

切换至人物图像窗口，❶单击选中"艺术字"图层，❷执行"编辑→粘贴"菜单命令，将文字图像粘贴到"艺术字"图层中，叠加在人物图像上方，如图15-73所示。

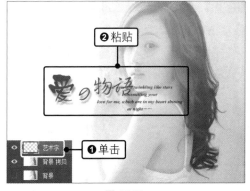

图 15-73

步骤09 调整文字大小和位置

按快捷键〈Ctrl+T〉，打开自由变换编辑框，调整文字图像的大小和位置，调整后效果如图 15-74 所示。

图 15-74

 提示

在"图层"面板中，用鼠标单击选中图层后向上或向下拖动，可以调整图层的顺序，从而改变图层中内容的叠加效果。

15.5.2 设置图层透明度和混合模式

创建了图层之后，还可以对其进行更深入的编辑，如设置图层透明度和图层混合模式。其中，图层透明度决定了图层内容的可见程度，而图层混合模式则定义了图层内容与其下方图层内容如何混合。与创建图层一样，图层透明度和混合模式的设置也可以在"图层"面板中完成。

◎ **原始文件：** 实例文件\第15章\原始文件\17.jpg
◎ **最终文件：** 实例文件\第15章\最终文件\设置图层透明度和混合模式.psd

步骤01 复制"背景"图层

打开原始文件，将"背景"图层拖至面板底部的"创建新图层"按钮上，释放鼠标，得到"背景 拷贝"图层，如图 15-75 所示。

步骤02 设置不透明度

在"图层"面板中，❶选择图层混合模式为"滤色"，❷输入"不透明度"为 60%，如图 15-76 所示。

图 15-75

图 15-76

步骤03 执行"渐变"命令

❶单击"图层"面板底部的"创建新的填充和调整图层"按钮 ⬤，❷在展开的菜单中执行"渐变"命令，如图 15-77 所示。

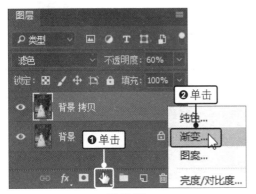

图 15-77

步骤04 设置"渐变填充"选项

打开"渐变填充"对话框，❶选择"红，绿渐变"，❷输入"角度"为 135，❸勾选"反向"复选框，如图 15-78 所示。

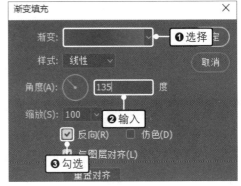

图 15-78

步骤05 设置混合模式和不透明度

设置完成后，单击"确定"按钮，❶在"图层"面板中创建"渐变填充 1"填充图层，❷设置"渐变填充 1"填充图层的图层混合模式为"滤色"、"不透明度"为 80%，效果如图 15-79 所示。

图 15-79

15.5.3 添加图层样式

图层样式能以非破坏性的方式更改图层内容的外观，为内容添加阴影、发光、描边、斜面和浮雕等丰富的视觉效果。为图层添加的图层样式与图层内容相关联，移动或编辑图层内容时，会对修改的内容自动应用相同的样式效果。

◎ **原始文件：** 实例文件\第15章\原始文件\18.jpg
◎ **最终文件：** 实例文件\第15章\最终文件\添加图层样式.psd

步骤01 复制"背景"图层

打开原始文件，按快捷键〈Ctrl+J〉，复制"背景"图层，得到"图层 1"图层，如图 15-80 所示。

步骤02 执行"渐变叠加"命令

❶单击"图层"面板底部的"添加图层样式"按钮 ⬛，❷在展开的菜单中执行"渐变叠加"命令，如图 15-81 所示。

图 15-80

图 15-81

步骤03 设置"渐变叠加"选项

打开"图层样式"对话框,在对话框左侧将自动勾选"渐变叠加"复选框,并在右侧展开相应的选项,对选项进行设置,如图 15-82 所示。

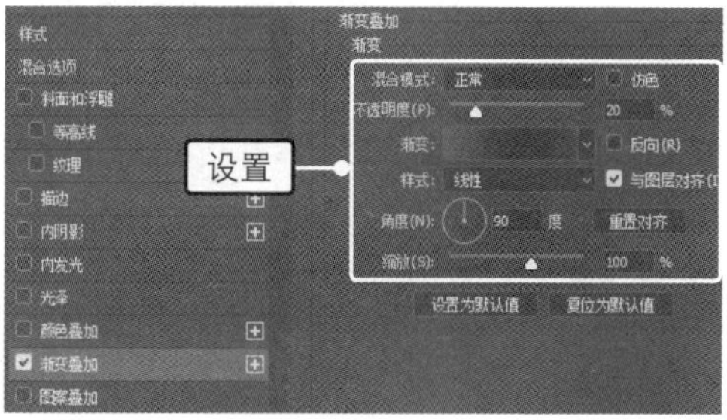

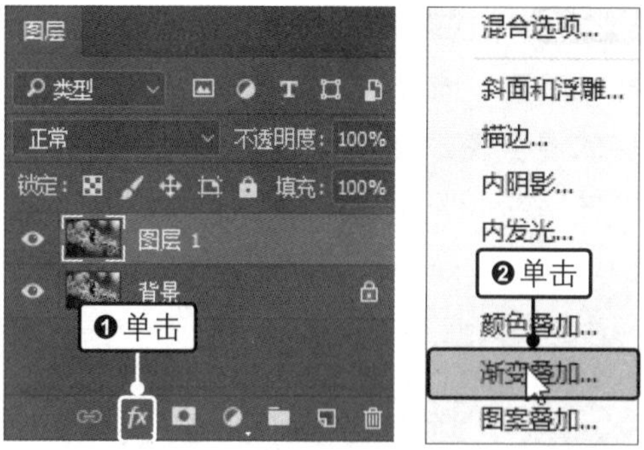

步骤04 添加图层样式效果

设置完成后,单击"确定"按钮,返回图像窗口查看添加"渐变叠加"图层样式的效果,在"图层"面板中的"图层 1"图层下方会显示相应的样式名称,如图 15-83 所示。

图 15-82

图 15-83

15.5.4 创建和删除图层组

在 Photoshop 中处理图像时,通常会创建几十个甚至上百个图层,为了方便管理这些图层,可应用图层组将相关的图层组合在一起。使用"图层"面板中的按钮和菜单命令,可以轻松完成图层组的创建与删除操作。

◎ **原始文件:** 实例文件\第15章\原始文件\19.jpg
◎ **最终文件:** 实例文件\第15章\最终文件\创建和删除图层组.psd

步骤01 复制图层

在 Photoshop 中打开原始文件,按快捷键〈Ctrl+J〉,复制图层,得到"图层 1"图层,如图 15-84 所示。

图 15-84

步骤02 设置图层混合模式和不透明度

在"图层"面板中，❶选择"图层1"图层的混合模式为"柔光"，❷输入"不透明度"为80%，如图 15-85 所示。

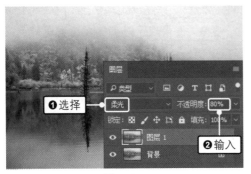

图 15-85

步骤03 执行"新建组"命令

❶单击"图层"面板右上角的扩展按钮▤，❷在展开的菜单中执行"新建组"命令，如图 15-86 所示。

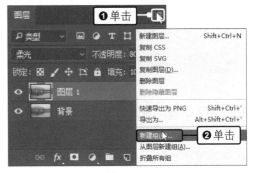

图 15-86

步骤04 新建"调色"图层组

打开"新建组"对话框，❶输入图层组的名称为"调色"，❷单击"确定"按钮，❸在"图层"面板中可看到创建的"调色"图层组，如图 15-87 所示。

图 15-87

步骤05 设置"曲线"调整

❶单击"调整"面板中的"曲线"，❷创建"曲线1"调整图层，❸在"属性"面板中单击并向上拖动曲线，如图 15-88 所示。

图 15-88

步骤06 应用"色彩范围"选取图像

执行"选择→色彩范围"菜单命令，打开"色彩范围"对话框，❶选择"高光"选项，❷单击"确定"按钮，创建选区，然后按快捷键〈Ctrl+Shift+I〉，反选选区，如图 15-89 所示。

❶单击"调整"面板中的"色彩平衡"按钮，创建"色彩平衡1"调整图层，❷选择"中间调"选项，输入数值为 -13、0、+9，❸选择"阴影"选项，输入数值为 -13、0、+15，如图 15-90 所示。

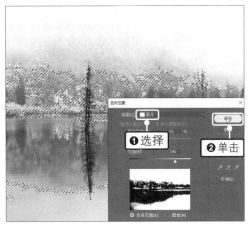

图 15-89

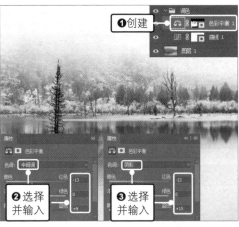

图 15-90

步骤08 设置"自然饱和度"调整

❶创建"自然饱和度1"调整图层，❷在"属性"面板中设置"自然饱和度"为 +2、"饱和度"为 +25，如图 15-91 所示。

图 15-91

步骤09 盖印图层

上述创建的调整图层将自动位于"调色"图层组中，❶单击"调色"图层组前的倒三角形图标，折叠图层组，❷按快捷键〈Ctrl+ Shift+Alt+E〉，盖印图层，得到"图层 2"图层，如图 15-92 所示。

图 15-92

步骤10 拖动图层组至"删除图层"按钮

❶在"图层"面板中单击选中"调色"图层组，❷将该组拖动至面板底部的"删除图层"按钮🗑上，如图 15-93 所示。

图 15-93

步骤11 删除图层组

释放鼠标，即可将"调色"图层组从"图层"面板中删除，删除图层组后的图像效果如图 15-94 所示。

图 15-94

第16章

编辑和调整图像

　　Photoshop 提供了多种编辑图像工具和调整图像的命令，应用这些工具和命令可以对图像进行适当的美化和修饰，如修复图像中的污点和瑕疵、调整图像的明暗、色彩等。此外，图像的编辑与调整也可以通过 AI 工具实现，这些工具利用先进的算法快速、高效地处理图像，为用户提供便捷的图像编辑体验。

16.1 修饰图像

　　Photoshop 作为一款功能强大的图像编辑软件，提供了丰富的图像编辑工具，包括图像绘制工具、颜色填充工具以及图像修复工具等。用户可以使用这些工具轻松完成图像的编辑和美化操作，让图像呈现更加出色的视觉效果。

16.1.1 绘制图像

　　在 Photoshop 中，用户可以选择工具箱中的各种绘制工具，绘制出富有创意的图像。常用的绘制工具有"画笔工具""铅笔工具""颜色替换工具""混合器画笔工具"。下面以"画笔工具"为例介绍绘制图像的方法。

◎ **原始文件：**实例文件\第16章\原始文件\01.jpg、雪花笔刷.abr
◎ **最终文件：**实例文件\第16章\最终文件\绘制图像.psd

步骤01 选择"画笔工具"

打开原始文件 01.jpg，设置前景色为白色，单击工具箱中的"画笔工具"按钮 ，如图 16-1 所示。

图 16-1

步骤02 执行"导入画笔"命令

❶在选项栏中单击"点按可打开'画笔预设'选取器"按钮，打开"画笔预设"选取器，❷单击右上角的扩展按钮 ，❸在展开的菜单中执行"导入画笔"命令，如图 16-2 所示。

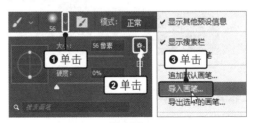

图 16-2

步骤03　选择并载入画笔

打开"载入"对话框，❶在对话框中选中需要载入的画笔文件"雪花笔刷 .abr"，❷单击"载入"按钮，如图 16-3 所示。

步骤04　选择画笔

再次打开"画笔预设"选取器，❶单击并拖动右侧的滚动条至底部，可看到载入的多个雪花画笔，❷单击选中一个雪花画笔，如图 16-4 所示。

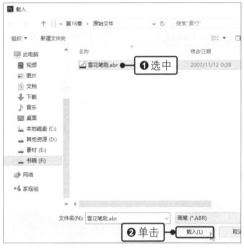

图 16-3

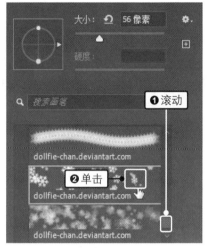

图 16-4

步骤05　设置画笔笔尖距离

执行"窗口→画笔设置"菜单命令，打开"画笔设置"面板组，输入"间距"值为500%，调整画笔笔尖距离，如图 16-5 所示。

步骤06　创建新图层

打开"图层"面板，❶在面板底部单击"创建新图层"按钮，❷新建"图层 1"图层，用于绘制图像，如图 16-6 所示。

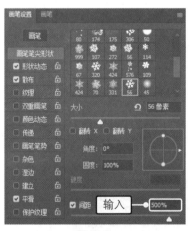

图 16-5

图 16-6

步骤07　绘制图案

在图像中的适当位置单击，即可绘制出飘落的雪花图案，如图 16-7 所示。

步骤08 继续绘制图案

❶新建"图层 2"图层，❷在选项栏中将画笔"不透明度"设置为 50%，继续在图像中单击，绘制更多雪花图案，效果如图 16-8 所示。

图 16-7

图 16-8

16.1.2 填充颜色

在绘制图像时，常常需要用纯色或渐变颜色来填充图层或选区。常用的颜色填充工具有"油漆桶工具"和"渐变工具"，使用这两种工具在图像中单击或拖动，就可以轻松完成填色。下面以"油漆桶工具"为例介绍颜色填充的方法。

◎ **原始文件：** 实例文件\第16章\原始文件\02.jpg
◎ **最终文件：** 实例文件\第16章\最终文件\填充颜色.psd

步骤01 选择"油漆桶工具"

打开原始文件，按住"渐变工具"按钮■不放，在展开的工具组中选择"油漆桶工具"❀，如图 16-9 所示。

步骤02 设置前景色

单击工具箱中的"设置前景色"按钮，打开"拾色器（前景色）"对话框，❶输入颜色值为 R237、G211、B154，❷单击"确定"按钮，如图 16-10 所示。

图 16-9

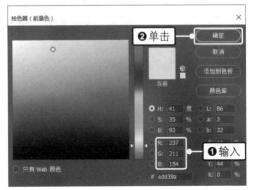

图 16-10

步骤03 移动鼠标指针

将鼠标指针移到需要填充颜色的图像上，如图 16-11 所示。

图 16-11

步骤04 单击填充颜色

单击鼠标，即可为鼠标单击区域填充设置的前景色，如图 16-12 所示。

图 16-12

步骤05 设置前景色

单击工具箱中的"设置前景色"按钮，打开"拾色器（前景色）"对话框，❶输入颜色值为 R221、G180、B134，❷单击"确定"按钮，如图 16-13 所示。

图 16-13

步骤06 设置容差值

在"油漆桶工具"选项栏中将"容差"值设置为 20，然后将鼠标移到小熊的耳朵上，如图 16-14 所示。

图 16-14

步骤07 继续填充不同颜色

单击鼠标，更改耳朵颜色。使用相同的操作方法，设置不同的前景色并填充小熊的爪子、鼻子等其他部分，填充后的效果如图 16-15 所示。

图 16-15

16.1.3　修复图像瑕疵

Photoshop 中的修复类工具可以快速修复图像中的各种瑕疵，如去除镜头污点、美白牙齿、修正红眼等。修复类工具主要有"污点修复画笔工具""修复画笔工具""修补工具""内容感知移动工具""红眼工具"。下面以"修补工具"为例介绍修复图像瑕疵的方法。

◎ **原始文件：** 实例文件\第16章\原始文件\03.jpg
◎ **最终文件：** 实例文件\第16章\最终文件\修复图像瑕疵.psd

步骤01　**复制"背景"图层**

打开原始文件，按快捷键〈Ctrl+J〉，复制"背景"图层，在"图层"面板中生成"图层 1"图层，如图 16-16 所示。

图 16-16

步骤02　**选择修补模式**

适当放大图像，在工具箱中单击"修补工具"按钮 ，在选项栏中单击选择"源"修补模式，如图 16-17 所示。

图 16-17

步骤03　**绘制选区**

将鼠标指针移到画面中需要去除的图像位置，单击并拖动鼠标，绘制选区，如图16-18 所示。

图 16-18

步骤04　**拖动修复图像瑕疵**

将选区拖动到旁边干净的海面位置，释放鼠标，修复图像，如图 16-19 所示。

图 16-19

步骤05 继续修复图像瑕疵

继续使用"修复工具"修复图像，去掉画面中海面上其他的物体和人物剪影，效果如图 16-20 所示。

图 16-20

16.1.4 润饰图像

Photoshop 提供了一系列润饰图像的工具，使用这些工具可以快速调整图像的颜色、明暗、清晰度等，使图像变得更加模糊或清晰。图像润饰工具主要包含"模糊 / 锐化工具""涂抹工具""加深 / 减淡工具""海绵工具"。下面以"模糊工具"为例进行讲解。

◎ **原始文件：** 实例文件\第16章\原始文件\04.jpg
◎ **最终文件：** 实例文件\第16章\最终文件\润饰图像.psd

步骤01 选择"模糊工具"

打开原始文件，单击工具箱中的"模糊工具"按钮 ，选择工具，如图 16-21 所示。

步骤02 使用"模糊工具"模糊图像

❶在选项栏中输入"强度"值为 100%，❷在背景及花瓣边缘位置涂抹，模糊图像，如图 16-22 所示。

图 16-21

图 16-22

步骤03 使用"锐化工具"锐化图像

按住工具箱中的"模糊工具"按钮不放，❶在展开的工具组中单击"锐化工具"按钮 ▲，❷在工具选项栏中输入"强度"值为 30%，❸在花朵中间位置涂抹，锐化图像，如图 16-23 所示。

步骤04 调整图像颜色

新建"色彩平衡 1"调整图层，在打开的"属性"面板中输入颜色值为 -32、+38、0，增强图像的青色和绿色，如图 16-24 所示。

图 16-23

图 16-24

16.2 调整图像

　　颜色是影响一幅图像整体效果的重要因素，不同的颜色设置会给观者带来不同的视觉感受。Photoshop 提供了大量用于调整图像明暗、色彩的命令，应用这些命令可以快速创建更为出彩的画面效果。

16.2.1 快速调整图像

　　应用"图像"菜单中的自动调整命令可以快速校正照片的色调、对比度和颜色。自动调整命令包含"自动色调""自动对比度""自动颜色"3 个命令。下面以使用"自动色调"命令为例介绍快速调整图像颜色的方法。

　　◎ **原始文件：** 实例文件\第16章\原始文件\05.jpg
　　◎ **最终文件：** 实例文件\第16章\最终文件\快速调整图像.psd

步骤01 复制"背景"图层

在 Photoshop 中打开原始文件，按快捷键〈Ctrl+J〉复制"背景"图层，得到"图层 1"图层，如图 16-25 所示。

图 16-25

执行"图像→自动色调"菜单命令，自动调整图像整体色调，突出更清冷的雪山效果，如图 16-26 所示。

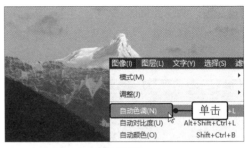

图 16-26

16.2.2 调整图像明暗

Photoshop 提供了许多用于调整图像明暗的命令，如"亮度 / 对比度"命令、"色阶"命令、"曲线"命令等。使用这些命令可以轻松解决图像中的各种明暗问题，创建清晰、明亮的画面效果。此外，在"调整"面板中可以找到与大部分调整命令对应的按钮，单击按钮创建调整图层，在打开的"属性"面板中设置选项，可以实现和调整命令一样的调整效果。下面以"色阶"调整图层为例进行讲解。

◎ **原始文件：** 实例文件\第16章\原始文件\06.jpg
◎ **最终文件：** 实例文件\第16章\最终文件\调整图像明暗.psd

步骤01 新建"色阶 1"调整图层

打开原始文件，单击"调整"面板中的"色阶"，如图 16-27 所示，新建"色阶 1"调整图层。

步骤02 设置选项调整亮度

打开"属性"面板，在面板中分别输入色阶值为 1、2.29、212，分别调整图像阴影、中间调和高光部分的亮度，如图 16-28 所示。

图 16-27

图 16-28

步骤03 使用"渐变工具"编辑

❶单击"色阶 1"图层蒙版缩览图，❷选择"渐变工具"，在选项栏中选择"黑，白渐变"，❸在图像中间位置单击并向下拖动，应用渐变，如图 16-29 所示。

步骤04 载入选区

接下来需要调整天空部分，按住〈Ctrl〉键不放，❶单击"图层"面板中的"色阶 1"图层蒙版缩览图，❷载入蒙版选区，如图 16-30 所示。

图 16-29

图 16-30

步骤05 反选选区

执行"选择→反选"菜单命令，或按快捷键〈Ctrl+Shift+I〉，反选选区，如图 16-31 所示。

步骤06 创建"色阶2"调整图层

单击"调整"面板中的"色阶"按钮，新建"色阶2"调整图层，❶在打开的"属性"面板中输入色阶值为 0、1.66、255，❷选择"蓝"通道，❸输入色阶值为 0、0.82、107，如图 16-32 所示。

图 16-31

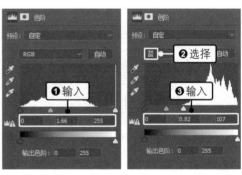

图 16-32

步骤07 应用色阶调整亮度

应用"色阶2"调整图层后，天空部分变得更加明亮，如图 16-33 所示。

图 16-33

> 🖳 **提示**
>
> 　　使用"色阶"命令调整图像时，会将调整应用于当前选中的图层，确认后将不能对参数进行更改。为了方便后期处理，可以通过"调整"面板创建"色阶"调整图层来调整图像。

16.2.3　调整图像颜色

在 Photoshop 中，用于调整图像颜色的命令包括"自然饱和度""色相 / 饱和度""色彩平衡"等，执行命令后在打开的对话框中设置选项即可完成调整。下面以使用"色相 / 饱和度"命令调整颜色饱和度为例进行讲解。

◎ **原始文件：** 实例文件\第16章\原始文件\07.jpg
◎ **最终文件：** 实例文件\第16章\最终文件\调整图像颜色.psd

步骤01 **复制"背景"图层**

在 Photoshop 中打开原始文件，复制"背景"图层，得到"背景 拷贝"图层，如图16-34 所示。

图 16-34

步骤02 **设置"饱和度"选项**

执行"图像→调整→色相 / 饱和度"菜单命令，打开"色相 / 饱和度"对话框，在对话框中将"饱和度"设置为 +40，如图16-35 所示。

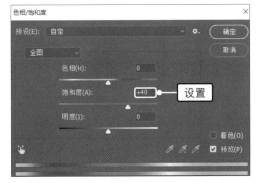

图 16-35

步骤03 **设置"红色"选项**

为增强秋日氛围，❶在"编辑"下拉列表框中选择"红色"选项，❷输入"色相"为 -45、"饱和度"为 +25，❸单击"确定"按钮，如图 16-36 所示。

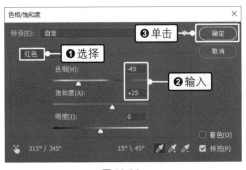

图 16-36

步骤04 **调整颜色饱和度效果**

此时在图像窗口中可以看到调整后的图像效果，如图 16-37 所示。

图 16-37

应用"色相/饱和度"调整图像时,勾选"色相/饱和度"对话框或"属性"面板中的"着色"复选框,可以将图像转换为单一色调效果。

16.2.4　处理特殊颜色

使用"调整"命令不仅可以调整图像的明暗、色彩,还可以完成一些特殊的色彩设置,制作出更具有艺术性的画面效果。用于特殊颜色调整的命令包括"反相""色调分离""阈值""去色"等。下面以"去色"命令为例讲解特殊颜色的处理。

◎ **原始文件:** 实例文件\第16章\原始文件\08.jpg
◎ **最终文件:** 实例文件\第16章\最终文件\处理特殊颜色.psd

步骤01　复制"背景"图层

在 Photoshop 中打开原始文件,按快捷键〈Ctrl+J〉复制"背景"图层,得到"图层1"图层,如图 16-38 所示。

步骤02　执行"去色"命令

执行"图像→调整→去色"菜单命令,去除图像颜色,将彩色图像转换为灰度图像效果,如图 16-39 所示。

图 16-38

图 16-39

16.3　合成图像

在 Photoshop 中,常用蒙版来控制图层的部分内容的显示与隐藏,这是一项关键的图像抠取及合成技术。借助这项技术,用户可以巧妙地将多张图片合成为一张新图片。Photoshop 提供了图层蒙版、矢量蒙版、剪贴蒙版和快速蒙版四种蒙版类型。

16.3.1　添加图层蒙版

图层蒙版是基于像素的灰度蒙版,包含从白色到黑色共 256 个灰度级别。在图层蒙版中用黑色绘制的区域会被隐藏,用白色绘制的区域会完全显示出来,用灰色绘制的区域则会呈半透明效果。在 Photoshop 中,可以通过单击"图层"面板底部的"添加图层蒙版"按钮▣创建图层蒙版。

◎ **原始文件：** 实例文件\第16章\原始文件\09.jpg、10.jpg
◎ **最终文件：** 实例文件\第16章\最终文件\添加图层蒙版.psd

步骤01 使用"裁剪工具"扩展画布

打开原始文件 09.jpg，选择工具箱中的"裁剪工具"，单击并拖动鼠标，绘制裁剪框，扩展画布，如图 16-40 所示。

步骤02 复制图像

打开原始文件 10.jpg，选择"移动工具"，将 10.jpg 中的图像拖动复制到 09.jpg 图像窗口中，得到"图层 1"图层，如图 16-41 所示。

图 16-40

图 16-41

步骤03 添加图层蒙版

❶单击"图层"面板底部的"添加图层蒙版"按钮 ▢，❷为"图层 1"图层添加图层蒙版，如图 16-42 所示。

步骤04 使用"渐变工具"编辑蒙版

❶单击"图层 1"蒙版缩览图，❷选择"渐变工具"，在选项栏中选择"黑，白渐变"，❸从图像左侧向右侧拖动，如图 16-43 所示。

图 16-42

图 16-43

> 💻 **提示**
>
> 执行"图层→图层蒙版"菜单命令，在展开的级联菜单中可选取多种创建图层蒙版的方式。执行"显示全部"或"隐藏全部"菜单命令将创建显示或隐藏整个图层内容的蒙版，执行"显示选区"或"隐藏选区"菜单命令将创建显示或隐藏选区中内容的蒙版。

步骤05 合成图像效果

释放鼠标，应用创建的渐变编辑图层蒙版，合成图像，效果如图 16-44 所示。

图 16-44

16.3.2 停用 / 启用蒙版

添加蒙版后，为了直观地查看应用蒙版前和应用蒙版后的图像变化，可以执行"停用 ×× 蒙版"或"启用 ×× 蒙版"命令，或者单击"属性"面板中的"停用 / 启用蒙版"按钮。

◎ **原始文件：**实例文件\第16章\原始文件\11.psd
◎ **最终文件：**实例文件\第16章\最终文件\停用/启用蒙版.psd

步骤01 查看原始图像效果

在 Photoshop 中打开原始文件，如图 16-45 所示。

步骤02 执行"停用矢量蒙版"命令

❶选中添加了蒙版的"图层 2"图层，右键单击蒙版缩览图，❷在弹出的快捷菜单中执行"停用矢量蒙版"命令，如图 16-46 所示。

图 16-45

图 16-46

步骤03 停用蒙版效果

停用的矢量蒙版缩览图上会出现一个红叉，返回图像窗口，查看停用蒙版后的效果，如图 16-47 所示。

步骤04 单击"停用 / 启用蒙版"按钮

❶在"图层"面板中双击"图层 1"蒙版缩览图，打开"属性"面板，❷单击面板底部的"停用 / 启用蒙版"按钮，如图 16-48 所示。

图 16-47

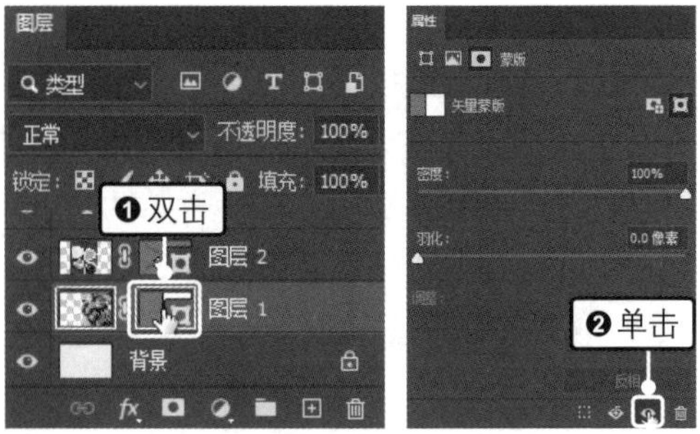

图 16-48

步骤05 执行"启用矢量蒙版"命令

此时"图层 1"图层的矢量蒙版被停用。选择"图层 2"图层，❶右键单击蒙版缩览图，❷在弹出的快捷菜单中执行"启用矢量蒙版"命令，如图 16-49 所示。

步骤06 启用蒙版效果

重新启用"图层 2"图层的矢量蒙版，在图像窗口中显示启用蒙版后的图像，效果如图 16-50 所示。

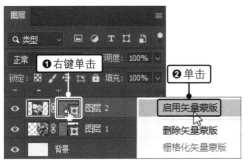

图 16-49

图 16-50

> 🖥 **提示**
>
> 若双击蒙版缩览图后未打开"属性"面板，而是进入"选择并遮住"工作区，可按快捷键〈Ctrl+K〉打开"首选项"对话框，在左侧单击"工具"标签，然后在右侧取消勾选"双击图层蒙版可启动'选择并遮住'工作区"复选框。

16.3.3 编辑蒙版边缘

在 Photoshop 中抠图时，使用编辑蒙版边缘功能可以获得边缘更加整齐、干净的图像效果。在图像中添加蒙版后，打开"属性"面板，单击面板中的"选择并遮住"按钮，切换到"选择并遮住"工作区，在该工作区中可以轻松调整蒙版边缘，并且可以控制调整后的蒙版输出结果。

◎ **原始文件：** 实例文件\第16章\原始文件\12.jpg、13.jpg
◎ **最终文件：** 实例文件\第16章\最终文件\编辑蒙版边缘.psd

步骤01 复制图像

在 Photoshop 中打开原始文件 12.jpg 和 13.jpg，将 13.jpg 复制到 12.jpg 上，得到 "图层 1"图层，如图 16-51 所示。

步骤02 使用"套索工具"创建选区

选择"套索工具"，❶沿着玩具图像边缘单击并拖动鼠标，创建选区，❷单击"从选区减去"按钮 ▣，❸继续在把手中间位置创建选区，如图 16-52 所示。

图 16-51

图 16-52

步骤03 添加图层蒙版

单击"图层"面板底部的"添加图层蒙版"按钮，为"图层 1"图层添加图层蒙版，隐藏选区外的图像，如图 16-53 所示。

步骤04 选择视图模式

双击图层蒙版缩览图，打开"属性"面板，❶单击"选择并遮住"按钮，切换到"选择并遮住"工作区，❷选择"图层"视图模式，如图 16-54 所示。

图 16-53

图 16-54

步骤05 涂抹图像边缘

❶单击工具栏中的"调整边缘画笔工具"按钮 ✐，❷将鼠标指针移到图像边缘位置，单击并涂抹图像边缘，如图 16-55 所示。

步骤06 涂抹阴影部分

❶单击工具栏中的"快速选择工具"按钮 ☑，❷单击选项栏中的"从选区中减去"按钮 ▣，❸涂抹玩具底部的阴影部分，如图 16-56 所示。

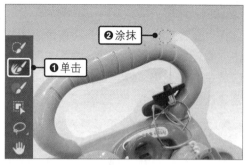

图 16-55

图 16-56

步骤07 设置"全局调整"选项

❶单击"全局调整"左侧的倒三角按钮，展开"全局调整"选项卡，❷输入"平滑"为40、"移动边缘"为 -30%，如图 16-57 所示。

步骤08 设置输出方式

展开"输出设置"选项卡，❶勾选"净化颜色"复选框，❷选择"新建带有图层蒙版的图层"输出方式，如图 16-58 所示。

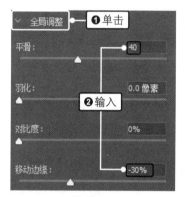

图 16-57

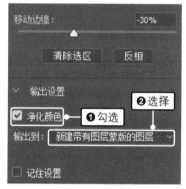

图 16-58

步骤09 调整蒙版边缘抠取图像

设置完成后，单击"确定"按钮，软件会根据输入的参数值调整蒙版边缘，抠出更精细的玩具图像，如图 16-59 所示。

图 16-59

16.4 AI 快速修图

随着人工智能技术的飞速发展，市面上涌现了众多在线 AI 修图工具。这些工具利用智能识别技术，智能地处理和编辑图像，极大地简化了图像编辑的流程。无论是抠图换背景、图片的无损放大，还是修复瑕疵等，都可以轻松实现。

16.4.1 AI 移除图片背景

抠图一直是图像处理中的一个难点。然而，随着人工智能技术的迅猛发展，现在可以利用 AI 工具来轻松应对这一难题。这些先进的 AI 工具能够自动识别图片中的前景主体与背景，并快速、精确地去除图片背景。下面以 remove.bg 为例进行讲解。

◎ **原始文件：**实例文件\第16章\原始文件\14.png
◎ **最终文件：**实例文件\第16章\最终文件\AI移除图片背景.png

步骤01 **打开 remove.bg 页面**

打开浏览器，进入 remove.bg 官网页面（https://www.remove.bg/），单击页面中的"上传图片"按钮，如图 16-60 所示。

图 16-60

步骤02 **选择并上传素材图像**

弹出"打开"对话框，❶在对话框中选中需要处理的素材图像，❷然后单击"打开"按钮，上传图像，如图 16-61 所示。

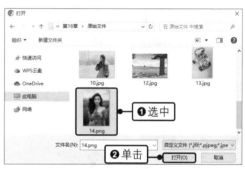

图 16-61

步骤03 **去除图像背景**

图像上传成功后，remove.bg 会自动识别图像主体并去除背景部分，如图 16-62 所示，单击图像右侧的"下载"按钮即可下载并保存图像。如需下载高清版本，则单击"下载高清版"按钮。

图 16-62

🖥 **提示**

在 remove.bg 中，还可根据需要为去除背景后的图像添加新背景。单击图像右侧的"添加背景"，在弹出的对话框中选择一张合适的背景图，再单击下方的"完成"按钮即可。

16.4.2 AI 无损放大图片

模糊、质量低下的图像容易给人留下一种不专业、不严谨的印象。现在，使用 AI 工具能够轻松将低分辨率图像转化为高分辨率图像，提升图像的清晰度和细节质量。下面以 Nero Image Upscaler 为例进行讲解。

◎ **原始文件：** 实例文件\第16章\原始文件\15.jpg
◎ **最终文件：** 实例文件\第16章\最终文件\AI无损放大图片.jpeg

步骤01 打开 **Nero Image Upscaler** 页面

打开浏览器，进入 Nero Image Upscaler 官网首页（https://ai.nero.com/image-upscaler），单击页面中的"上传图片"按钮，如图 16-63 所示。

图 16-63

步骤02 选择并上传图像

❶在弹出的"打开"对话框中选中需要放大处理的素材图像，❷然后单击"打开"按钮，上传图像，如图 16-64 所示。

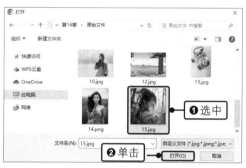

图 16-64

步骤03 选择使用的模型

上传成功后，在页面左侧可以看到上传的原图效果、原图尺寸和大小。接下来在页面右侧选择要增强的模型，根据上传的原图，❶选择适用于漫画的"Anime"模型，❷单击下方的"开始"按钮，如图 16-65 所示。

图 16-65

步骤04 放大图像效果

等待片刻，Nero Image Upscaler 会将图像放大至原图的 4 倍，并在页面左侧以对比的方式显示放大前后的效果（左半边为原图，右半边为放大后的图），如图 16-66 所示。单击页面右侧的"下载"按钮，可下载放大后的高分辨率图像。

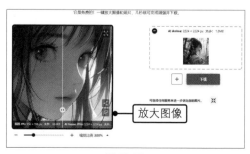

图 16-66

16.4.3　AI 去除图片中的杂物

　　为了获得更加干净、整洁的画面效果，我们通常需要先将图片中的一些多余物体去除。使用 AI 工具完成这一操作无疑是一个明智之选。AI 工具凭借其强大的图像识别和处理能力，能够自动识别并精准地去除图片中的多余物体。下面以创客贴 AI 为例进行讲解。

◎ **原始文件**：实例文件\第16章\原始文件\16.jpg
◎ **最终文件**：实例文件\第16章\最终文件\AI去除图片中的杂物.png

步骤01　打开创客贴 AI 页面

打开浏览器，进入创客贴 AI 页面（https:// aiart.chuangkit.com/matrix），单击"图片编辑"下的"智能消除"，如图 16-67 所示。

步骤02　单击"点击 / 拖拽上传图片"

进入"智能消除"页面，单击页面右侧的"点击 / 拖拽上传图片"区域，如图 16-68 所示。

图 16-67

图 16-68

步骤03　上传图像

弹出"打开"对话框，❶在对话框中选中需要去除画面中杂物的素材图像，❷然后单击"打开"按钮，如图 16-69 所示，上传图像。

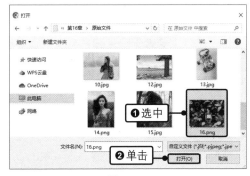

图 16-69

步骤04 调整笔刷大小

单击页面顶端的"涂抹"按钮，然后拖动"笔刷大小"滑块，将笔刷设置至合适大小，如图 16-70 所示。

图 16-70

步骤05 使用画笔涂抹图像

❶使用画笔涂抹图像中需要去除的物体，❷然后单击图像上方的"智能消除"按钮，如图 16-71 所示。

图 16-71

步骤06 去除多余物体效果

等待片刻，创客贴 AI 会自动消除涂抹区域的物体，如图 16-72 所示。单击"下载"按钮，即可下载处理后的图像，也可以单击"功能传送"按钮，传送至其他工具继续编辑。

图 16-72

16.4.4　AI 虚化图片背景

如果想得到一张具有浅景深效果的图片，传统的做法通常是在图像编辑软件中先手动选择图像中的背景部分，然后应用"模糊工具"或滤镜进行处理。如今可以借助先进的 AI 技术精准识别图片中的主体，一键实现背景虚化，极大地简化了图片处理流程。下面以使用佐糖虚化图片背景为例进行讲解。

◎ **原始文件：** 实例文件\第16章\原始文件\17.jpg
◎ **最终文件：** 实例文件\第16章\最终文件\AI虚化图片背景.png

步骤01 打开佐糖页面

打开浏览器，进入佐糖官网页面（https://picwish.cn/），❶单击"图片编辑"，❷在展开的菜单中单击"AI 模糊照片背景"选项，如图 16-73 所示。

进入"AI 模糊照片背景"页面，单击页面左侧的"上传图片"，如图 16-74 所示。

图 16-73

图 16-74

步骤03 选择并上传图像

弹出"打开"对话框，❶在对话框中选中需要处理的素材图像，❷然后单击"打开"按钮，如图 16-75 所示。

步骤04 模糊背景效果

❶拖动"模糊程度"滑块，调节模糊强度，在左侧可预览效果，❷单击"下载图片"按钮，如图 16-76 所示，下载并保存图片。

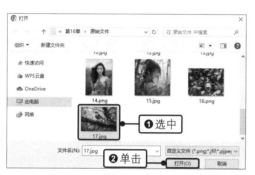

图 16-75

图 16-76

16.4.5　AI 生成商品图

商品主图是消费者对商品的第一印象，能直接影响消费者的购买决策。随着 AI 技术的快速发展，AI 工具已经成为电商设计师不可或缺的助手。在创作商品主图的过程中，设计师只需上传商品素材图，AI 工具便能迅速而精准地进行抠图操作，并智能替换背景，以适配多样化的电商场景。下面以使用 Pebblely 生成商品图为例进行讲解。

◎ **原始文件：**实例文件\第16章\原始文件\18.jpg
◎ **最终文件：**实例文件\第16章\最终文件\AI生成商品图.jpg

步骤01 打开 Pebblely 页面

打开浏览器，进入 Pebblely 官网页面（https://app.pebblely.com/），单击页面右上方的"Upload new"按钮，如图 16-77 所示。

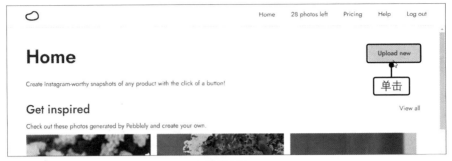

图 16-77

步骤02 单击选择上传图像

进入 Add new product 页面，在页面中间位置单击，如图 16-78 所示。也可以直接将商品素材图拖动到页面中。

步骤03 选择并上传图像

弹出"打开"对话框，❶在对话框中选中需要编辑的素材图像，❷然后单击"打开"按钮，如图 16-79 所示。

图 16-78

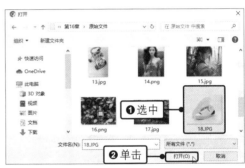

图 16-79

步骤04 自动去除图像背景

❶ Pebblely 将对上传的商品图进行分析，并自动抠取商品主体，❷拖动右侧的"ZOOM"滑块，缩放预览抠出的商品主体效果，❸满意后单击"Save product"按钮，如图 16-80 所示，保存抠取的商品图像。

图 16-80

如果对自动抠取的效果不满意，也可以单击页面右侧的"Refine background"按钮，在打开的新页面中，将画笔调至合适的大小后涂抹背景区域，对背景进行优化处理。

步骤05 **选择要添加的背景主题**

进入主题选择页面，可以看到 Pebblely 提供了多个不同类型的主题，❶根据实际需求选择合适的场景图，这里单击选择"Nature"主题场景，❷然后单击"GENERATE"按钮，如图 16-81 所示。

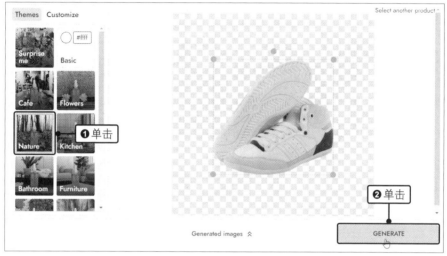

图 16-81

步骤06 **添加背景生成新图**

等待片刻，Pebblely 将根据所选的主题生成 4 张不同背景的场景实拍图，如图 16-82 所示。如果对生成的结果不太满意，也可以选择其他主题，再单击"GENERATE"按钮重新生成图片。

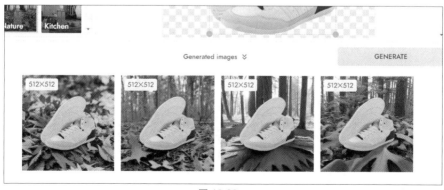

图 16-82

步骤07 下载生成的图片

如果想要下载生成的图片，将鼠标指针移到该图片上，单击右上角的"下载"按钮，如图 16-83 所示，即可下载并保存该图片。

图 16-83

<table>
<tr>
<td>第
17
章</td>
<td>

文字编排与图形绘制

文字与图形是传达设计理念、吸引观众目光的关键，是设计作品中不可或缺的重要组成部分。Photoshop 作为一款专业的图像处理软件，提供了强大的文字编排与图形绘制功能。借助这些功能，用户可以通过设置文字的字体、大小、颜色、布局等精确地控制文字的排版效果，或者自由地绘制各种富有创意的图形，从而创作出独特而引人注目的设计作品。
</td>
</tr>
</table>

17.1 添加文字

文字作为视觉设计中的重要元素，不仅能传达信息，还能通过字体、大小、颜色等属性的巧妙搭配，为图像增添独特的艺术效果。在 Photoshop 中，使用文字工具组中的"横排文字工具"和"直排文字工具"可以在图像中添加横向或纵向排列的文字。

17.1.1 添加横排文字

使用"横排文字工具"可以在图像中输入横向排列的文字。选择工具箱中的"横排文字工具"，在选项栏中设置各选项，在图像中单击以显示插入点，即可在插入点位置输入文字内容。

◎ **原始文件：**实例文件\第17章\原始文件\01.jpg
◎ **最终文件：**实例文件\第17章\最终文件\添加横排文字.psd

步骤01 使用"矩形工具"绘制图形

打开原始文件，❶单击"矩形工具"按钮 ◻，❷在选项栏中设置选项，❸在图像上的适当位置绘制矩形图形，如图 17-1 所示。

步骤02 设置文字选项

❶单击"横排文字工具"按钮 T，❷在选项栏中设置字体为"方正兰亭纤黑简体"、字体大小为 18 点、颜色为白色，如图 17-2 所示。

图 17-1

图 17-2

在之前绘制的矩形上方单击，出现闪烁的插入点后输入英文文字，如图 17-3 所示。

图 17-3

输入完成后按〈Esc〉键退出文字编辑状态，在"图层"面板中得到相应的文字图层，将其"不透明度"设置为 50%，如图 17-4 所示。

图 17-4

执行"窗口→字符"菜单命令，打开"字符"面板，❶设置字体为"方正兰亭准黑简体"，❷设置字体大小为 48 点，❸设置字符间距为 -75，其他选项参数值不变，如图 17-5 所示。

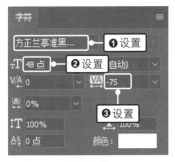

图 17-5

在图像中的英文文字下方单击，输入中文文字，如图 17-6 所示，输入完成后按〈Esc〉键，退出文字编辑状态。

图 17-6

继续使用相同的方法绘制矩形并输入文字，如图 17-7 所示。

图 17-7

17.1.2　添加竖排文字

"直排文字工具"用于在画面中创建纵向排列的文字。"直排文字工具"的使用方法与"横排文字工具"相同，选中该工具，在图像中需要输入文字的位置单击，然后输入文字内容。

◎ **原始文件：** 实例文件\第17章\原始文件\02.jpg
◎ **最终文件：** 实例文件\第17章\最终文件\添加竖排文字.psd

步骤01 选择"直排文字工具"

打开原始文件，按住工具箱中的"横排文字工具"按钮 T 不放，在展开的工具组中选择"直排文字工具" IT ，如图 17-8 所示。

步骤02 设置字体、行距和颜色

打开"字符"面板，❶设置字体为"方正古隶简体"，❷设置字体大小为 45 点，❸设置行距为 21 点，❹设置颜色为 R146、G0、B0，如图 17-9 所示。

图 17-8

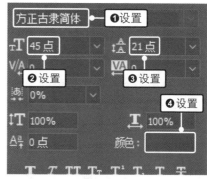

图 17-9

步骤03 输入竖排文字

在图像中适当的位置单击，输入文字"煎茶"，如图 17-10 所示，输入完成后按〈Esc〉键，退出文字编辑状态。

步骤04 继续输入竖排文字

打开"字符"面板，❶设置字体大小为 16 点，❷行距为 26 点，❸颜色为白色，❹在图像中输入其他文字，如图 17-11 所示。

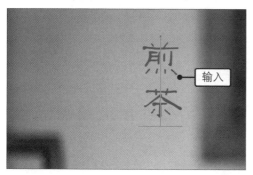

图 17-10

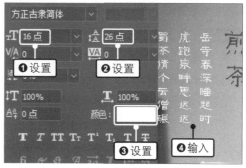

图 17-11

17.2 文字的基础设置

在图像中添加文字后，可以通过"字符"面板调整文字的字体、大小、颜色等。此外，如果文字内容较多，还可以创建段落文本，并通过"段落"面板灵活地设置文字的对齐方式，以确保文字的布局既美观又易于阅读。

17.2.1 调整文字字体和大小

不同字体和大小的文字会带来不同的视觉感受。在图像中输入文字后，可以应用文字工具选项栏或"字符"面板中的"字体系列"和"字体大小"下拉列表框更改选中文字的字体和大小。

◎ **原始文件：** 实例文件\第17章\原始文件\03.psd
◎ **最终文件：** 实例文件\第17章\最终文件\调整文字字体和大小.psd

步骤01 选中文字图层

打开原始文件，打开"图层"面板，在面板中单击选中需要更改字体的文字图层，如图 17-12 所示。

步骤02 设置字体和大小

执行"窗口→字符"菜单命令，打开"字符"面板，设置字体为"汉仪立黑简"、字体大小为 72 点，其他参数不变，如图 17-13 所示。

图 17-12

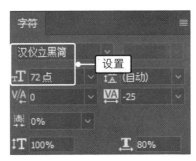
图 17-13

步骤03 查看更改字体和大小的效果

在图像窗口中查看更改后的文字效果，如图 17-14 所示。

图 17-14

17.2.2　更改文字颜色

使用"横排文字工具"或"直排文字工具"在图像中输入文字时，文字的颜色默认为当前的前景色。用户可以根据需要，更改整个文字图层中的文字的颜色，或者选中一部分文字并更改其颜色。更改文字颜色的方法是在选项栏或"字符"面板中单击颜色块，打开"拾色器（文本颜色）"对话框，在对话框中设置新的颜色。

◎ **原始文件：** 实例文件\第17章\原始文件\04.psd
◎ **最终文件：** 实例文件\第17章\最终文件\更改文字颜色.psd

步骤01　选择"横排文字工具"

打开原始文件，单击工具箱中的"横排文字工具"按钮 **T**，如图 17-15 所示。

步骤02　选中文字

将鼠标指针放在文字"特"上方，单击并拖动鼠标，选中文字，使其反相显示，如图 17-16 所示。

图 17-15

图 17-16

步骤03　单击颜色块

执行"窗口→字符"菜单命令，打开"字符"面板，单击颜色块，如图 17-17 所示。

步骤04　设置颜色

打开"拾色器（文本颜色）"对话框，❶输入颜色值为 R225、G34、B66，❷单击"确定"按钮，如图 17-18 所示。

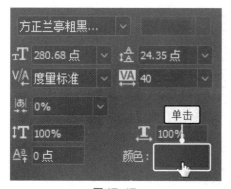

图 17-17

图 17-18

按〈Esc〉键退出文字编辑状态，查看更改文字颜色的效果，如图 17-19 所示。

继续应用"横排文字工具"选中其他部分文字，将其颜色更改成相同的红色，如图 17-20 所示。

图 17-19

图 17-20

17.2.3 缩放文字

应用"字符"面板中的"水平缩放"▯选项和"垂直缩放"▯选项可以在水平和垂直两个方向缩放文字。原始缩放比例为 100%，用户可以根据设计需要，输入新的数值来改变文字的宽度和高度，从而改变文字的视觉效果。

◎ **原始文件：** 实例文件\第17章\原始文件\05.psd
◎ **最终文件：** 实例文件\第17章\最终文件\缩放文字.psd

步骤01 选中文字图层
打开原始文件，在"图层"面板中单击选中文字图层"香酥易剥"，如图 17-21 所示。

步骤02 设置垂直缩放值
打开"字符"面板，在"垂直缩放"数值框中输入数值 115%，如图 17-22 所示。

步骤03 查看缩放效果
对文字"香酥易剥"进行缩放处理后的效果如图 17-23 所示。

图 17-21

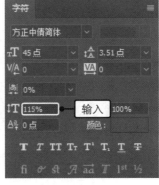

图 17-22

图 17-23

17.2.4　创建和编辑段落文本

　　选择"横排文字工具"或"直排文字工具"后，在图像中拖动鼠标，绘制文本框，然后在文本框中输入文字，即可创建段落文本。创建段落文本后，可以使用"段落"面板调整段落文本的对齐方式、缩进效果等。

　　◎　**原始文件：** 实例文件\第17章\原始文件\06.psd
　　◎　**最终文件：** 实例文件\第17章\最终文件\创建和编辑段落文本.psd

步骤01　绘制文本框

打开原始文件，选择"横排文字工具"，在图像中拖动鼠标，绘制文本框，如图17-24所示。

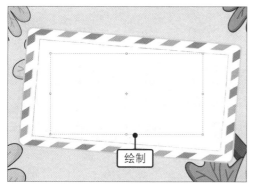

图17-24

步骤02　在文本框中输入文字

在文本框中单击，放置插入点，然后输入多段文字，并分别设置字体格式，如图17-25所示。

图17-25

步骤03　设置段落文本的对齐方式

打开"段落"面板，单击"居中对齐文本"按钮，将所有段落文本设置为居中对齐，如图17-26所示。

图17-26

步骤04　选中部分文本

选中"横排文字工具"，在段落文本中拖动鼠标，选中部分文本，如图17-27所示。

图17-27

步骤05 更改所选文本的对齐方式和缩进

❶单击"段落"面板中的"最后一行左对齐"按钮■，更改所选文本的对齐方式，❷ 输入"首行缩进"值为 22 点，如图 17-28 所示。

步骤06 旋转文本框

将鼠标指针放在文本框右上角的控点外侧，当指针变成双向弯箭头形状↰时拖动鼠标，旋转文本框，如图 17-29 所示。

图 17-28

图 17-29

💻 **提示**

　　调整文本框大小有两种方法。第 1 种方法是在文字编辑状态下用鼠标拖动文本框边框的控点。第 2 种方法是在"图层"面板中选中文字图层，然后执行"窗口→属性"菜单命令，打开"属性"面板，在其中修改文字图层的宽度和高度。

17.3 绘制图形

　　Photoshop 提供了许多矢量绘图工具，如矩形工具、多边形工具、钢笔工具等。应用这些工具可以绘制出形状或路径，得到各种图形。对于绘制好的图形，可以利用路径编辑工具添加、删除锚点或转换锚点类型，改变图形的外观。

17.3.1 绘制基本图形

　　Photoshop 提供的基本形状绘制工具不仅能绘制常见的规则图形，如矩形、圆形和圆角矩形，还能绘制多边形、心形等特殊形状的图形。下面以绘制矩形为例讲解基本图形的绘制方法。

◎ **原始文件：** 实例文件\第17章\原始文件\07.psd
◎ **最终文件：** 实例文件\第17章\最终文件\绘制基本图形.psd

步骤01　选择"矩形工具"

打开原始文件，单击工具箱中的"矩形工具"按钮█，如图 17-30 所示。

图 17-30

步骤02　设置绘制选项

❶在工具选项栏中选择工具模式为"形状"，❷单击"填充"色块，❸在展开的面板中单击右上角的"拾色器"按钮，如图 17-31 所示。

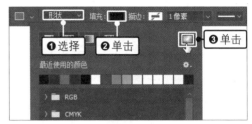

图 17-31

步骤03　设置填充颜色

打开"拾色器（填充颜色）"对话框，❶输入颜色值为 R246、G23、B103，❷单击"确定"按钮，如图 17-32 所示。

图 17-32

步骤05　查看绘制的矩形

当拖动到合适的大小后释放鼠标，即可绘制出矩形，并应用之前设置的填充颜色填充矩形，如图 17-34 所示。

步骤04　拖动鼠标绘制矩形

❶在"图层"面板中选中"背景"图层，❷将鼠标指针放在适当的位置，按下左键不放并向右下角拖动，如图 17-33 所示。

图 17-33

图 17-34

步骤06　继续绘制更多矩形

继续使用"矩形工具"在适当位置绘制出更多的矩形，效果如图 17-35 所示。

图 17-35

步骤07　双击图层缩览图

❶打开"图层"面板，可看到创建的多个矩形图层，❷选中"矩形 2"图层，双击其缩览图，如图 17-36 所示。

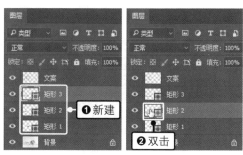

图 17-36

💻 **提示**

应用"路径选择工具"选中图形，打开"属性"面板，在面板中可以重新设置图形的填充和描边效果。

步骤08　设置填充颜色

打开"拾色器（纯色）"对话框，❶输入颜色值为 R3、G166、B149，❷单击"确定"按钮，如图 17-37 所示。

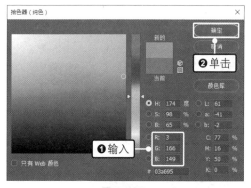

图 17-37

步骤09　更改矩形的填充颜色

此时矩形的填充颜色被更改为新的颜色，使用相同的方法更改其他矩形的填充颜色，让画面效果更协调，如图 17-38 所示。

图 17-38

💻 **提示**

使用"矩形工具"还可以绘制带有平滑转角的矩形，即圆角矩形。选择"矩形工具"后，在选项栏中设置"半径"值来控制圆角的弧度，设置的"半径"值越大，绘制出的矩形圆角弧度就越大。对于已有的圆角矩形，可以通过"属性"面板修改圆角的半径大小。

17.3.2 绘制任意图形

在 Photoshop 中，可以使用"钢笔工具"和"自由钢笔工具"等工具绘制不规则图形，并且可以通过编辑图形上的锚点，制作更加个性化的图形。

◎ **原始文件：** 实例文件\第17章\原始文件\08.jpg
◎ **最终文件：** 实例文件\第17章\最终文件\绘制任意图形.psd

步骤01 查看原图像效果

打开原始文件，如图 17-39 所示。

步骤02 设置工具选项

选择"钢笔工具" ，❶在选项栏中选择"形状"绘制模式，❷设置填充颜色为 R237、G28、B36，❸在绘制的起点单击鼠标，如图 17-40 所示。

步骤03 定义路径锚点

定义第一个锚点，然后在另一个位置单击鼠标，添加第二个锚点，此时两个锚点之间用直线连接，如图 17-41 所示。

图 17-39

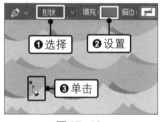

图 17-40

图 17-41

步骤04 闭合路径

将鼠标指针放在第一个锚点上，指针变为 形，❶按下左键不放并拖动鼠标，闭合路径，❷在"图层"面板中得到"形状 1"图层，如图 17-42 所示。

步骤05 设置图层样式

双击"形状 1"图层名称右侧的空白处，打开"图层样式"对话框，在左侧选择"图案叠加"样式，❶在右侧设置混合模式为"叠加"，❷选择图案，❸输入"缩放"为 800，如图 17-43 所示。

步骤06 查看应用效果

单击"确定"按钮，返回图像窗口，查看应用"图案叠加"图层样式的效果，如图 17-44 所示。

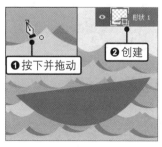

图 17-42

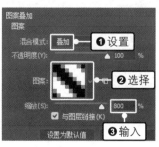

图 17-43

图 17-44

步骤07 绘制更多图形

选择"钢笔工具",设置填充颜色值为 R245、G128、B32,绘制橙色的船帆。使用相同的方法绘制出更多不同颜色的图形,如图 17-45 所示。

步骤08 盖印形状图层

打开"图层"面板,选中"形状 1"到"形状 4"图层,按快捷键〈Ctrl+Alt+E〉盖印图层,得到"形状 4(合并)"图层,如图 17-46 所示。

步骤09 调整图层顺序

选中"形状 4(合并)"图层,执行"图层→排列→置为底层"菜单命令,将该图层移到"形状 1"图层下方,如图 17-47 所示。

图 17-45

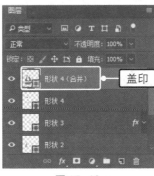

图 17-46

图 17-47

步骤10 设置图层样式

双击"形状 4(合并)"图层名称右侧的空白处,打开"图层样式"对话框,在左侧选择"描边"样式,❶在右侧输入"大小"为 30,❷设置描边颜色为白色,如图 17-48 所示。

步骤11 查看应用效果

单击"确定"按钮,应用"描边"图层样式,在图像窗口中查看效果,如图 17-49 所示。

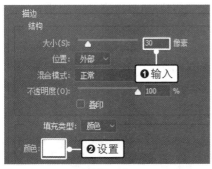

图 17-48

图 17-49

17.4 编辑路径

路径由一个或多个直线段或曲线段组成。在图像中绘制路径后,可以应用路径编辑工具调整路径上的锚点、直线段或曲线段,以更改路径的外观,还可以使用"路径"面板为选定的路径设置填充颜色和描边效果。

17.4.1 在路径中添加锚点

添加锚点可以增强对路径的控制，还可以扩展开放路径。应用"添加锚点工具"在路径中单击即可添加锚点，如果在路径中按下左键不放并拖动，则可在添加锚点的同时调整路径的形状。

◎ **原始文件：** 实例文件\第17章\原始文件\09.psd
◎ **最终文件：** 实例文件\第17章\最终文件\在路径中添加锚点.psd

步骤01 选中路径

打开原始文件，按住工具箱中的"路径选择工具"按钮 不放，❶在展开的工具组中选择"直接选择工具"，❷然后单击选中路径，如图 17-50 所示。

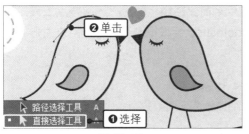
图 17-50

步骤02 添加锚点

按住工具箱中的"钢笔工具"按钮 不放，❶在展开的工具组中选择"添加锚点工具"，❷单击小鸟头部路径上的适当位置，添加一个锚点，如图 17-51 所示。

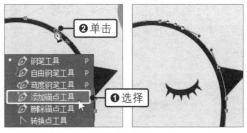
图 17-51

步骤03 添加更多锚点

继续使用"添加锚点工具"在曲线段上单击，添加多个锚点，如图 17-52 所示。

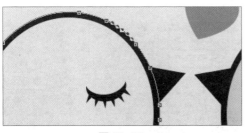
图 17-52

步骤04 拖动锚点调整形状

使用"直接选择工具"单击选中中间一个锚点，向上拖动该锚点，调整路径形状，如图 17-53 所示。

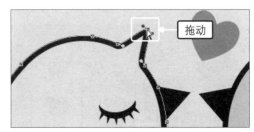
图 17-53

步骤05 执行"添加锚点"命令

确认路径为选中状态，在路径上的适当位置单击鼠标右键，在弹出的快捷菜单中单击"添加锚点"命令，如图 17-54 所示，即可在路径中添加锚点。

步骤06　拖动方向线调整形状

使用"直接选择工具"单击选中添加的锚点，将该锚点往左上方拖动，然后拖动锚点右侧的方向线，再次调整路径形状，如图 17-55 所示。

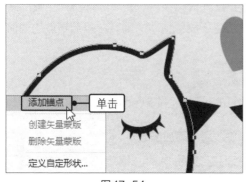

图 17-54

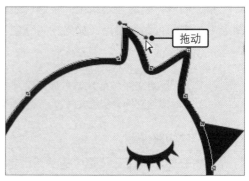

图 17-55

17.4.2　删除路径上的锚点

对于绘制好的路径，可以删除不必要的锚点来简化路径。使用"删除锚点工具"在路径中的锚点上单击，即可删除锚点。随后 Photoshop 会根据剩余的锚点更改图形的外形轮廓。

　◎　**原始文件：** 实例文件\第17章\原始文件\10.psd
　◎　**最终文件：** 实例文件\第17章\最终文件\删除路径上的锚点.psd

步骤01　选中形状图层

打开原始文件，打开"图层"面板，在面板中选中需要修改的形状图层，如图 17-56 所示。

步骤02　选择"删除锚点工具"

按住工具箱中的"钢笔工具"按钮 不放，❶在展开的工具组中选择"删除锚点工具" ，❷单击图形以选中路径，❸将鼠标指针移到需要删除的锚点上，如图 17-57 所示。

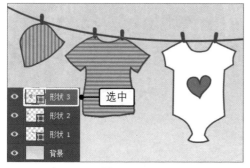

图 17-56

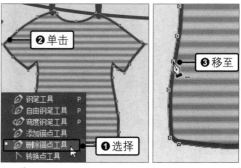

图 17-57

步骤03 删除锚点

单击鼠标，即可删除该锚点，随后软件会适当调整相邻两个锚点间的曲线段形状，如图 17-58 所示。

步骤04 继续删除更多锚点

使用相同的方法删除更多的锚点，再使用"直接选择工具"调整余下的锚点和方向线，简化图形，如图 17-59 所示。

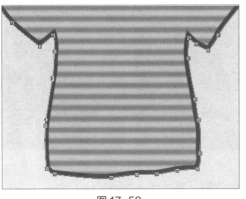

图 17-58

图 17-59

17.4.3 转换锚点的类型

锚点分为角点和平滑点两种：角点没有方向线，创建的是直线段；平滑点带有方向线，创建的是曲线段。要将角点转换成平滑点，使用"转换点工具"向外拖动角点，使方向线出现。要将平滑点转换成角点，使用"转换点工具"单击平滑点即可。

◎ **原始文件：** 实例文件\第17章\原始文件\11.psd
◎ **最终文件：** 实例文件\第17章\最终文件\转换锚点的类型.psd

步骤01 选中形状图层

打开原始文件，在"图层"面板中选中要转换的形状图层，如图 17-60 所示。

步骤02 选择"转换点工具"

按住"钢笔工具"按钮 不放，❶在展开的工具组中选择"转换点工具" ，❷单击路径将其选中，如图 17-61 所示。

图 17-60

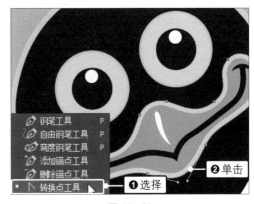

图 17-61

步骤03 单击转换锚点类型

单击路径中的某个平滑点，即可将其转换为角点，如图 17-62 所示。

步骤04 再次转换锚点类型

使用相同的方法将路径另一侧的平滑点转换为角点，随后软件会相应调整锚点之间的线段形状，如图 17-63 所示。

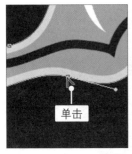

图 17-62

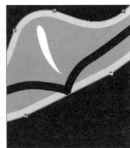

图 17-63

步骤05 添加锚点并转换锚点类型

选择"添加锚点工具"，❶在转换后的两个锚点中间位置单击，添加新的锚点，❷选择"转换点工具"，单击添加的锚点，转换锚点类型，如图 17-64 所示。

步骤06 拖动锚点更改形状

❶选择"直接选择工具"，❷单击选中转换后的锚点并向下拖动，更改路径的形状，如图 17-65 所示。

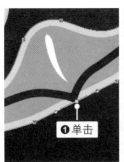

图 17-64

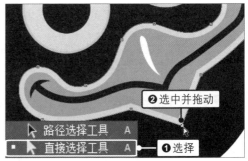

图 17-65

第18章

剪映视频剪辑

剪映是一款功能强大且易于上手的视频编辑软件，不仅内置丰富的素材资源，而且提供多项基于 AI 技术开发的先进功能，如图文成片、AI 绘图、数字人视频等。这些功能大大提升了视频剪辑的智能化水平，简化了操作流程，让用户能够更加轻松、快捷地创作出高质量的作品。剪映能在多种系统上运行，本章以 Windows 系统为例进行讲解。

18.1 剪映快速上手

剪映拥有直观的操作界面，没有经过专业训练的用户也能快速上手。近几年积极引入的 AI 技术更是极大地降低了短视频创作的门槛。

18.1.1 图文成片快速生成视频

剪映独有的"图文成片"功能开辟了一种全新的视频创作方式：用户只需要设置好视频的主题、话题和时长，AI 就能自动撰写文案，并根据文案智能匹配素材，快速生成视频。

步骤01 启动"图文成片"功能

在计算机上下载并安装剪映专业版，打开该软件，单击界面中的"图文成片"按钮，如图 18-1 所示。

图 18-1

步骤02 生成文案

❶单击选择要创建的视频类型，如"旅行感悟"，❷输入旅行地点和话题，❸在"视频时长"下方单击选择所需的时长选项，如"1 分钟左右"，❹单击"生成文案"按钮，等待

片刻，剪映会根据上述设置生成 3 篇不同的文案，❺单击下方的左右箭头按钮进行切换，选择一篇满意的文案，如图 18-2 所示。

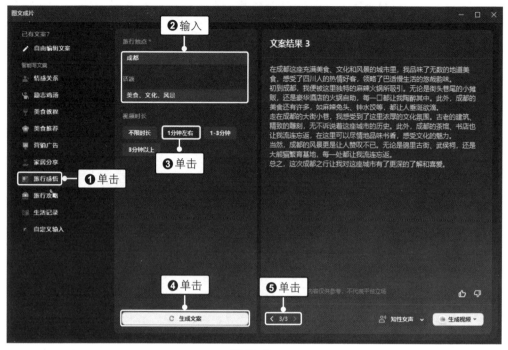

图 18-2

💻 **提示**

使用剪映生成文案后，如果发现其中有不满意的地方，可以进行人工编辑和修改。

步骤03 选择发音人

❶单击"知性女声"右侧的下拉按钮，❷在展开的列表中选择心仪的发音人，如图 18-3 所示。

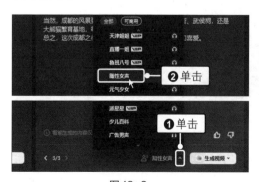

图 18-3

步骤04 选择成片方式

❶单击"生成视频"右侧的下拉按钮，❷在展开的列表中选择"智能匹配素材"选项，如图 18-4 所示。

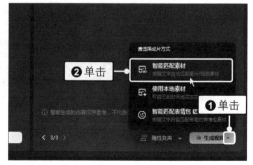

图 18-4

等待片刻，剪映会根据所选文案自动生成视频，如图 18-5 所示。单击右上角的"导出"
按钮，即可导出生成的视频。

图 18-5

18.1.2 智能生成视频素材

　　剪映内置的 AI 绘画功能能够轻松创作出具有专业水准的视觉元素，大大降低了视
频剪辑素材的获取难度。该功能的使用方法也非常简单，用户只需输入提示词，AI 便可
快速生成图片、文字、贴纸等素材。

1．生成图片

　　剪映内置的素材库包含大量的图片，但仍有可能无法满足个性化的创作需求。为了
解决这个问题，剪映为用户提供了 AI 绘画功能。用户只需输入提示词，即可轻松生成
符合需求的图片素材。

步骤01 创建新项目

打开剪映专业版，单击"首页"的"开始创作"按钮，如图 18-6 所示，创建一个新项目。

图 18-6

步骤02 添加"透明"素材

进入视频创作界面，❶单击"媒体"下的"素材库"按钮，展开素材库，❷单击"透明"素材右下角的"添加到轨道"按钮，如图18-7所示。

步骤03 输入风格描述词

❶单击右侧的"AI效果"标签，展开对应的面板，❷勾选"AI特效"复选框，❸单击"轻厚涂"风格，❹在"风格描述词"文本框中输入描述词，❺单击"生成"按钮，如图18-8所示。

图18-7

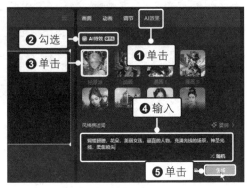

图18-8

步骤04 应用生成的图片素材

等待片刻，剪映会根据描述词生成4张图像，❶单击选择一张图像，❷单击下方的"应用效果"按钮，如图18-9所示，即可将所选图像应用到轨道上。

图18-9

2. 生成艺术字

　　剪映的"文本"素材库中预置了较为丰富的艺术字（花字）效果，如果在其中没有找到合适的效果，可以利用AI来生成。只需输入文字内容和效果描述，AI便能生成对应的艺术字。

步骤01 输入文字和效果描述

❶单击界面顶部的"文本"按钮,打开"文本"素材库,❷单击左侧的"AI 生成"按钮,❸在弹出的窗口中输入文字内容(目前仅支持英文和数字)和效果描述,❹输入完成后单击"立即生成"按钮,如图 18-10 所示。

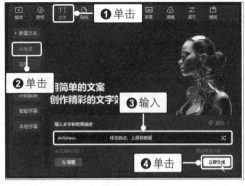

图 18-10

步骤02 确认授权

弹出"授权提示"对话框,单击对话框中的"允许"按钮,如图 18-11 所示。

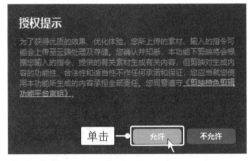

图 18-11

步骤03 生成艺术字

等待片刻,剪映会根据输入的文字内容和效果描述生成艺术字,如图 18-12 所示。

图 18-12

3. 生成贴纸

贴纸是短视频创作中一种常用的装饰元素,如表情符号、卡通角色、文字气泡、与节日或活动相关的主题图案等,可以起到增强趣味性、表达情感、提升表现力等作用。本节将讲解如何在剪映中利用 AI 生成贴纸。

步骤01 输入提示词

❶单击界面顶部的"贴纸"按钮,打开"贴纸"素材库,❷单击左侧的"AI 生成"按钮,❸在弹出的窗口中输入提示词,描述想要的贴纸效果,❹输入完成后单击"立即生成"按钮,如图 18-13 所示。

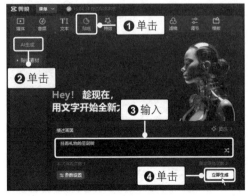

图 18-13

步骤02 确认授权

弹出"授权提示"对话框,单击对话框中的"允许"按钮,如图 18-14 所示。

步骤03 生成贴纸

等待片刻,剪映会根据提示词生成 4 张不同的贴纸素材,如图 18-15 所示。

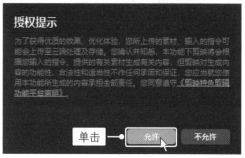

图 18-14

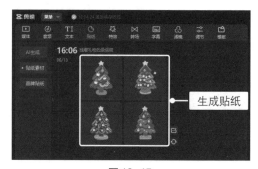

图 18-15

💻 **提示**

在生成贴纸时,可以单击"参数设置"按钮,在展开的"样式"框中指定贴纸的风格,如卡通风、3D 风、拼贴风等。生成贴纸后,将鼠标指针放在某张贴纸上方,单击浮现的"下载"按钮,即可下载并保存该贴纸。

18.1.3 快速生成数字人营销视频

数字人营销视频是一种创新的营销手段,它通过简洁有力的语言和逼真的人物形象吸引受众并激发其产生购买欲望。剪映的数字人功能能够基于先进的 AI 技术将用户输入的文案快速转化为数字人播报视频。

步骤01 添加默认文本

创建新项目,❶单击界面顶部的"文本"按钮,打开"文本"素材库,❷单击"新建文本"按钮,❸单击"默认文本"右下角的"添加到轨道"按钮,如图 18-16 所示。

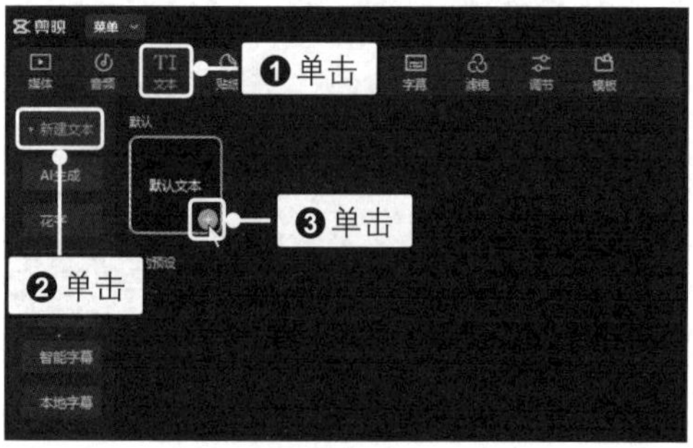

步骤02 单击"智能文案"按钮

展开"文本"面板,❶删除文本框中的默认文本,❷单击下方的"智能文案"按钮,如图 18-17 所示。

图 18-16

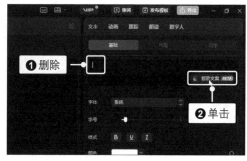

图 18-17

弹出"智能文案"对话框，❶单击"写营销文案"标签，指定文案类型，❷输入产品名称和产品卖点，❸单击右侧的"发送"按钮，如图 18-18 所示。

图 18-18

步骤04 生成文案

等待片刻，AI 将根据输入的产品名称和卖点生成营销文案，❶取消勾选"自动拆分成字幕"复选框，❷单击"确认"按钮，如图 18-19 所示，将文案填入文本框。

步骤05 选择数字人

❶单击"数字人"按钮，展开"数字人"面板，❷单击选择心仪的 AI 数字人形象，❸然后单击"添加数字人"按钮，如图 18-20 所示。

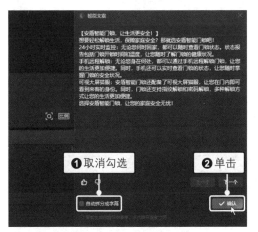

图 18-19

图 18-20

步骤06 选中字幕轨道

随后剪映会开始渲染数字人的画面和语音，渲染完成后在时间轴中单击选中字幕轨道，如图 18-21 所示。

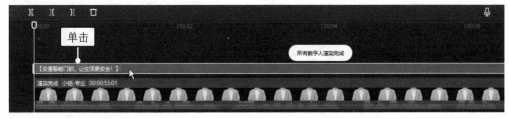

图 18-21

步骤07 删除字幕轨道

按〈Delete〉键，删除字幕轨道，如图 18-22 所示。

图 18-22

步骤08 添加媒体素材

❶单击界面顶部的"媒体"按钮,打开"媒体"素材库,❷单击"科技"按钮,在右侧挑选一个心仪的背景素材,❸单击其右下角的"添加到轨道"按钮,如图 18-23 所示。

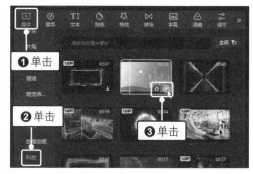

图 18-23

步骤09 查看添加素材的效果

为数字人添加科技感背景,如图 18-24 所示。背景的时长可能与数字人语音播报的时长不一致,需进行相应的调整。

图 18-24

18.1.4 套用模板快速制作卡点视频

卡点视频通过精确的剪辑和配乐，将视频内容与音乐的节奏点紧密结合，形成视觉和听觉上的节奏感，从而吸引观众的注意力。剪映提供了众多预设的卡点视频模板，用户可以通过套用这些模板，轻松制作出高质量的卡点视频。

步骤01　选择模板

打开剪映专业版，❶单击"模板"按钮，进入对应的界面，❷单击"卡点"标签，展开对应的选项卡，其中包含多种卡点效果，❸在"画幅比例"下拉列表框中选择"横屏"选项，在下方挑选一种喜欢的卡点效果，❹单击"使用模板"按钮，如图 18-25 所示。

图 18-25

步骤02　单击"替换"按钮

进入视频编辑界面，接下来需要进行视频素材的替换。单击第 1 段视频素材上的"替换"按钮，如图 18-26 所示。

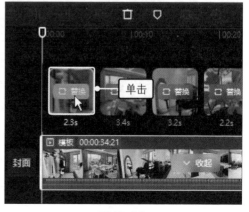

图 18-26

步骤03　选择用于替换的素材

弹出"请选择媒体资源"对话框，❶选中用于替换的视频素材，❷单击"打开"按钮，如图 18-27 所示。

图 18-27

步骤04　继续替换素材

使用相同的方法，依次替换后续的视频素材，如图 18-28 所示。

图 18-28

18.2　视频剪辑实战

　　剪映提供了丰富的剪辑功能，无论是视频和音频的编辑，还是转场和字幕的添加，都能轻松实现。下面通过实例讲解具体的操作方法。

18.2.1　设置视频转场效果

　　转场又称为过渡效果，是在视频编辑中用于连接两个镜头或场景的技术手段，目的是让画面之间的切换更加流畅自然，避免视觉上的突兀感。剪映预置了丰富多样的转场效果，让初学者也能轻松自如地运用转场来提升作品的质量。

步骤01　导入视频素材

打开剪映专业版，创建一个新项目，❶导入 6 张照片作为视频素材，❷选中导入的 6 张照片，将其拖动到视频轨道中，如图 18-29 所示。

图 18-29

步骤02 添加"翻页"转场

❶单击界面顶部的"转场"按钮,打开"转场"素材库,❷单击"幻灯片"按钮,在右侧挑选转场效果,如"翻页",❸单击该效果右下角的"添加到轨道"按钮,如图18-30 所示。

步骤03 设置转场时长

❶在"转场"面板中拖动"时长"滑块,调整转场的时长,❷单击"应用全部"按钮,如图 18-31 所示。

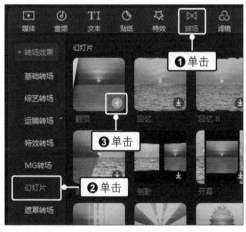

图 18-30

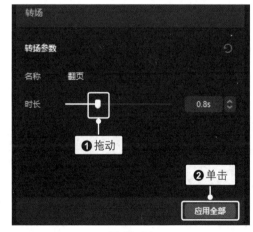

图 18-31

步骤04 添加统一的转场效果

在时间轴中可以看到,在所有视频素材之间均添加了统一的"翻页"转场效果,如图18-32 所示。

步骤05 预览转场效果

单击"播放器"面板中的▶按钮,如图 18-33 所示,即可预览添加的"翻页"转场效果。

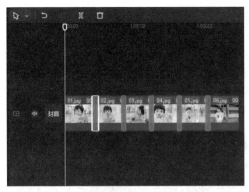

图 18-32

图 18-33

18.2.2 添加字幕

字幕以文字形式呈现视频中的对话、旁白或其他信息，能够帮助观众更轻松地理解视频内容。在剪映中，用户可以轻松地为视频添加字幕，并灵活地调整字幕文字的格式。

步骤01 添加"默认文本"字幕

将播放指示器拖动至视频开头，❶单击界面顶部的"文本"按钮，打开"文本"素材库，❷单击"默认文本"右下角的"添加到轨道"按钮，如图 18-34 所示。❸在字幕轨道中可看到添加的"默认文本"字幕，在"播放器"面板中可以预览字幕效果，如图 18-35 所示。

图 18-34

图 18-35

步骤02 更改字体和颜色

展开"文本"面板，❶在文本框中输入字幕文本"落在生命里的"，❷在"字体"下拉列表框中选择合适的字体，如可爱风格的"有猫在"字体，❸将字体颜色设置为橙色，如图 18-36 所示。❹在"播放器"面板中预览字幕效果，如图 18-37 所示。

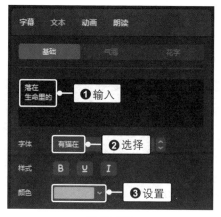

图 18-36

图 18-37

步骤03 **更改排列方式、位置、大小**

向下拖动"文本"面板右侧的滚动条,❶在"排列"选项组中设置"行间距"为 3,❷单击"右对齐"按钮,❸在"位置大小"选项组中调整"缩放"和"位置"选项,如图 18-38所示。❹在"播放器"面板中预览字幕效果,如图 18-39 所示。

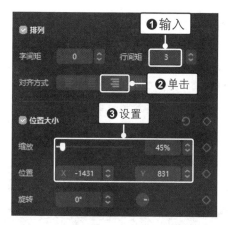

图 18-38

图 18-39

步骤04 **添加更多字幕**

使用相同的方法创建字幕"光",并适当设置其格式,效果如图 18-40 所示。

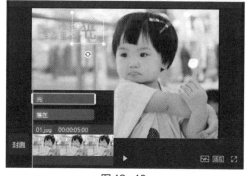

图 18-40

步骤05 更改字幕时长

分别选中字幕"落在生命里的"和"光",将鼠标指针移到字幕轨道右侧,当指针变为双向箭头时向右拖动,将字幕时长调整至与视频画面时长一致,如图 18-41 所示。

图 18-41

18.2.3 添加和剪辑音频

音频可以是视频原声或旁白,也可以是一些特殊的音效或背景音乐。音频能够起到增强氛围、引导情感、衬托情节等作用,使观众更好地沉浸在作品中。本节将使用剪映为视频添加一段背景音乐,并通过裁剪让画面与音乐的时长一致。

步骤01 添加音频素材

❶单击界面顶部的"音频"按钮,打开"音频"素材库,❷在搜索框中输入关键词"落在生命里的光",❸在搜索结果中单击要添加的音频右下角的"下载"按钮,此时该按钮变为"添加到轨道"按钮,单击该按钮,如图 18-42 所示。

步骤02 分割音频

将音频添加到时间轴中的音频轨道上,❶将播放指示器拖动到需要剪辑的时间点,❷单击"分割"按钮,如图 18-43 所示,从当前时间点将音频分割成两段。

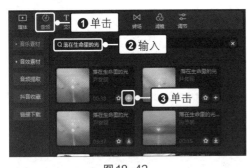

图 18-42

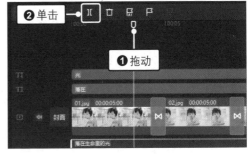

图 18-43

步骤03 选中第 1 段音频

❶选中分割出来的第 1 段音频,❷单击"删除"按钮,如图 18-44 所示。

步骤04 删除第 1 段音频

将选中的第 1 段音频从音频轨道中删除,如图 18-45 所示。

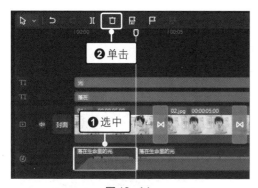

图 18-44

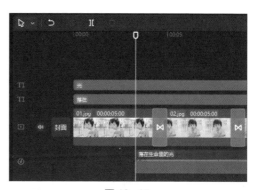

图 18-45

步骤05 调整第 2 段音频的位置

将剩下的第 2 段音频拖动到视频的开头，如图 18-46 所示。

步骤06 再次分割音频

❶将播放指示器拖动到视频画面的结尾，❷按快捷键〈Ctrl+B〉，从当前时间点分割音频，如图 18-47 所示。

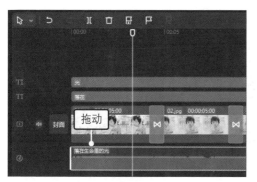

图 18-46

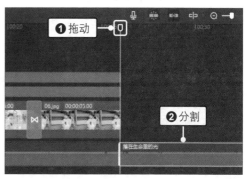

图 18-47

步骤07 删除第 2 段音频

按〈Delete〉键，删除分割出来的第 2 段音频，然后选中保留下来的这段音频，如图 18-48 所示。

步骤08 为音频设置淡出效果

在"音频"面板中向右拖动"淡出时长"滑块，为剪辑后的音频添加 0.9 秒的淡出效果，如图 18-49 所示。

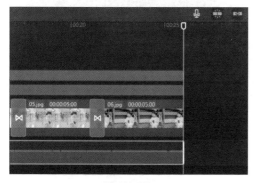

图 18-48

图 18-49

18.2.4 自动生成歌词字幕

歌词字幕能够直观地展示歌词内容，让观众更容易理解歌曲的含义和情感表达。剪映中的"识别歌词"功能可以自动识别视频或音频中的歌词内容，并将其转换为字幕，省去了手动输入歌词的烦琐步骤。

步骤01 单击"开始识别"按钮

❶单击界面顶部的"文本"按钮，打开"文本"素材库，❷单击"识别歌词"按钮，❸单击"开始识别"按钮，如图18-50所示。

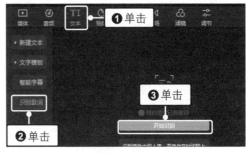

图18-50

步骤02 识别歌词内容

识别完毕后，会自动在字幕轨道中显示歌词字幕，如图18-51所示。

图18-51

步骤03 选中第1句歌词

在时间轴中选中识别出来的第1句歌词，如图18-52所示。

步骤04 更改字体和颜色

打开"文本"面板，❶设置歌词的字体为"下午茶"，❷设置文字颜色为橙色，如图18-53所示。

图18-52

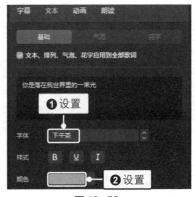

图18-53

步骤05　设置大小和位置

❶在"位置大小"选项组中设置"缩放"值为 164%，❷设置 y 坐标值为 -1020，如图 18-54 所示。

步骤06　设置描边效果

❶勾选"描边"复选框，❷设置描边颜色为白色，❸向左拖动"粗细"滑块，设置描边粗细为 20，如图 18-55 所示。

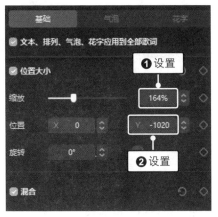

图 18-54

图 18-55

步骤07　为字幕设置动画效果

打开"动画"面板，❶单击"入场"动画组中的"波浪弹入"动画，❷将"动画时长"滑块拖动至最右侧，使动画时长与音频时长一致，如图 18-56 所示。❸在"播放器"面板中预览动画效果，如图 18-57 所示。

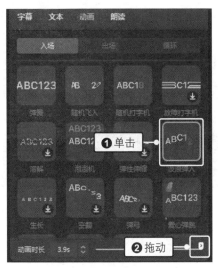

图 18-56

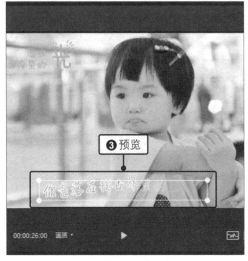

图 18-57

步骤08　为其他字幕设置相同的动画效果

剪映会自动将设置的字体、颜色、大小等应用到所有歌词字幕上。接下来分别选中字幕轨道中的歌词字幕，为其添加相同的"波浪弹入"动画，如图 18-58 所示。

图 18-58

18.2.5 添加视频特效

为了增强视频的艺术效果或者强调某些内容，可以在视频中添加一些特效。剪映中预设了丰富的特效，用户可以根据创作需求进行添加，并自由调整特效的时长，以确保特效与画面内容完美融合。

步骤01 添加"变清晰"特效

拖动播放指示器至合适位置，❶单击界面顶部的"特效"按钮，打开"特效"素材库，❷单击"基础"按钮，❸单击"变清晰"特效右下角的"添加到轨道"按钮，如图18-59 所示。

步骤02 设置特效的时长

在当前时间点添加"变清晰"特效，将鼠标指针移到该特效右侧，当指针变为双向箭头时向左拖动，缩短特效的时长，如图18-60 所示。

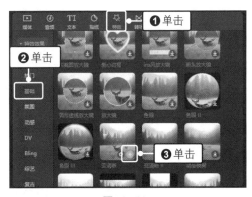

图 18-59

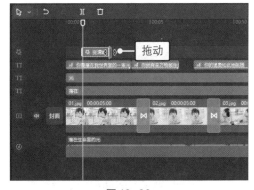

图 18-60

步骤03 复制"变清晰"特效

❶用鼠标右键单击"变清晰"特效，❷在弹出的快捷菜单中单击"复制"命令，如图18-61 所示。

步骤04 粘贴"变清晰"特效

❶拖动播放指示器到转场过渡结束后的第 2 段视频画面，❷在特效轨道上单击右键，❸在弹出的快捷菜单中单击"粘贴"命令，如图 18-62 所示，粘贴"变清晰"特效。

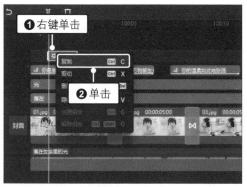

图 18-61

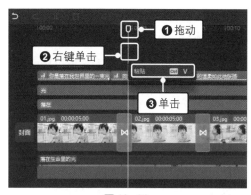

图 18-62

步骤05 复制更多"变清晰"特效

使用相同的方法复制出更多的"变清晰"特效，粘贴到每段视频的开头，如图 18-63 所示。

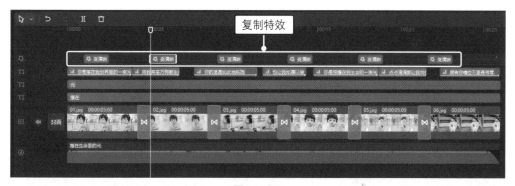

图 18-63

步骤06 拖动播放指示器

将播放指示器拖动到第 1 个"变清晰"特效的结尾，如图 18-64 所示。

步骤07 添加"星火炸开"特效

❶单击界面顶部的"特效"按钮，❷单击"氛围"按钮，❸单击"星火炸开"特效右下角的"添加到轨道"按钮，如图 18-65 所示。

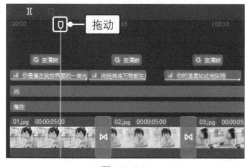

图 18-64

图 18-65

步骤08 设置特效参数

❶在右上角的"特效"面板中向右拖动"速度"滑块，设置参数值为 18，❷向右拖动"不透明度"滑块，设置参数值为 50，如图 18-66 所示。

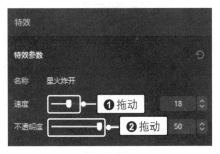

图 18-66

步骤10 复制"星火炸开"特效

将缩短时长后的"星火炸开"特效移到下方的特效轨道中，❶用鼠标右键单击该特效，❷在弹出的快捷菜单中单击"复制"命令，如图 18-68 所示。

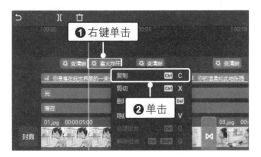

图 18-68

步骤12 导出并播放视频

单击界面右上角的"导出"按钮，导出视频。播放导出的视频，即可观看最终的作品效果，如图 18-70 所示。

步骤09 设置特效的时长

将鼠标指针移到"星火炸开"特效右侧，当指针变为双向箭头时向左拖动，缩短特效的时长，如图 18-67 所示。

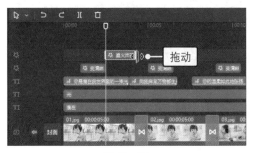

图 18-67

步骤11 粘贴"星火炸开"特效

❶将播放指示器拖动到第 4 个"变清晰"特效后面，❷按快捷键〈Ctrl+V〉，在当前时间点粘贴复制的"星火炸开"特效，如图 18-69 所示。

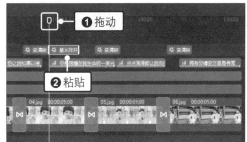

图 18-69

图 18-70